T 文庫

假装懂点
人类学

THE
LITTLE BOOK
OF
ANTHROPOLOGY

[英]拉沙·巴拉热 / 著

李媛媛 / 译

图书在版编目（CIP）数据

假装懂点人类学/（英）拉沙·巴拉热著；李媛媛译. -- 厦门：鹭江出版社，2025.8. -- （T文库）.
ISBN 978-7-5459-2593-7

Ⅰ.Q98-49

中国国家版本馆CIP数据核字第2025AL1820号

福建省版权局著作权合同登记号 图字：13-2025-033 号

THE LITTLE BOOK OF ANTHROPOLOGY
by Rasha Barrage
Copyright © Octopus Group Limited, 2022
Simplified Chinese translation copyright © 2025 by Light Reading Culture Media (Beijing) Co., Ltd.
This Chinese edition is arranged through Gending Rights Agency (http://gending.online/)
All rights reserved.

出 版 人	雷 戎
选题策划	轻读文库
责任编辑	李 杰
助理编辑	刘 爽
特约编辑	靳佳奇
装帧设计	马仕睿 @typo_d
美术编辑	林烨婧

关注轻读

JIAZHUANG DONGDIAN RENLEIXUE

假装懂点人类学

[英]拉沙·巴拉热 著　李媛媛 译

出　　版：	鹭江出版社		
发　　行：	鹭江出版社		
	轻读文化传媒（北京）有限公司		
地　　址：	厦门市湖明路 22 号	邮政编码：	361004
印　　刷：	河北鹏润印刷有限公司		
地　　址：	河北省沧州市肃宁县经济开发区宏业路北侧	联系电话：	0317-7587722
开　　本：	730mm × 940mm　1/32		
印　　张：	4.875		
字　　数：	86 千字		
版　　次：	2025 年 8 月第 1 版　2025 年 8 月第 1 次印刷		
书　　号：	ISBN 978-7-5459-2593-7		
定　　价：	25.00 元		

客服咨询

本书若有质量问题，请与本公司图书销售中心联系调换
电话：(010) 52435752

未经许可，不得以任何方式复制或抄袭本书部分或全部内容
版权所有，侵权必究

目录

序　言 … 1

第一章　什么是人类学？ … 3
第二章　人体与大脑 … 19
第三章　文化 … 35
第四章　身份与人格 … 49
第五章　交流 … 63
第六章　宗教与信仰 … 77
第七章　家庭与婚姻 … 91
第八章　生理性别和社会性别 … 105
第九章　人口迁移 … 119
第十章　当代社会 … 133

结　语 … 147

序　言

"你从哪里来？"乍一看，这似乎是个相当简单的问题，但如何回答，则展现出每个人认知的差异。这个问题的答案范围很广，可能是指当下的居住地，或者出生地，也可能需要追溯到祖辈的起源。然而在20世纪前，这个问题的答案，只有世界上最有钱、有权的人才可能知道，因为这些有钱、有权的人可以随时离开家乡，四处旅行，结识一些陌生人。到了21世纪，这个问题被反复提及的次数太多，以至于我们总认为它很稀松平常，忽略了其重要性与丰富内涵——除非你能像人类学家一样思考。

人类学诞生于学者对不同族群及其文化的好奇心，以及探寻他们之间相似性与关联的渴望。这门学科，实际上是在无止境地探索人类的起源与意义——跨越了国家、环境、文化、语言、历史甚至是遥远的未来。

本书将带你快速了解人类学中最重要，也最具有影响力的学者及其理论，帮你重新塑造对世界的理解，探究自己在世界中的位置。

第一章

什么是人类学?

"人类学"（anthropology）是希腊语中"人类"（ánthrōpos）与"研究"（logia）两个词语的组合。简而言之，"人类学"就是一门研究人类的学科。与同样以人类为研究对象的学科（如哲学、历史学、社会学）不同，人类学的研究内容是跨领域的，涉及自然科学、社会科学，以及人文学科的多种理念。

本章将介绍人类学中四个主要研究领域的起源与早期人类学家做出的贡献。在阅读过程中，你会了解人类学的研究方法、主要学派、一些已经被摒弃的观点，以及人类学家在研究、应用其成果时所考虑的伦理问题。相信在阅读完这一章节后，你会对"人类学是什么""人类学如何适用于我们今天的生活"有更深刻的认识。

人类学的历史

在通常的认知中,生活在公元前5世纪的希腊历史学家希罗多德是最早进行人类学研究的人,他将自己在地中海游历时领略的风土人情都详细记录在所著的九卷《历史》(The History)中,这些内容展现出希罗多德对不同民族之间共性与差异的独特观察。后来的学者,如伊本·赫勒敦(1332—1406)与被称为"伊斯兰世界的马可·波罗"的伊本·白图泰(1304—1377),在14世纪后期的著作中首次明确了现代人类学的部分概念,如文化敏感性和历史语境等。

15至17世纪的"地理大发现"(又称发现时代、大航海时代等),将欧洲探险者带往远方。他们来到非洲、亚洲以及美洲大陆,发现了许多未知的文化和语言。紧接着,对其他地区的大范围剥削、暴力、奴役以及殖民统治随之而来,当时的人类学实践在一定程度上为这些行为进行了辩护。欧洲人将非洲、美洲的原住民和来自东方国家的人视作"异域人"或"野蛮人",认为他们本质上落后于"文明的"欧洲人。在这一时期,优越感是推动欧洲人类学家进行研究的驱动力。

到了19世纪，欧美的人类学已经发展成为一门成熟的学科，学科的研究重点是西方世界与美洲、非洲、中东和亚洲在社会、文化与人类族群体质特征之间的异同。当时的主流观点认为，社会沿着最"原始"到最"先进"这一单一路线发展，后者的代表就是西方世界。这种将除自己外的族群视为"他者"的行为，即所谓的民族中心主义，对人类学声誉造成的不良影响直到21世纪都尚未消除。

> **民族中心主义**
>
> 民族中心主义，就是用自身社会文化的价值标准作为普遍、绝对的尺度去评价其他文化，无法客观地在他者社会文化框架之下去理解事物。简单来说，就是轻视其他社会民族的文化。

查尔斯·达尔文（1809—1882）

人类学在19世纪末的巨大进步，很大程度上可以归功于一个人：查尔斯·达尔文。不过，进化论并非如我们通常以为的那样，是达尔文发明的。"生物会随着时间的推移不断进化"这个观点早在19世纪初期就已经被出土化石证明。达尔文的贡献在于，他首先提出了生物进化的机制是**"物竞天择"**，即一种生物能否在地球漫长的演化过程中存活，取决于它对于环境的适应能力。达尔文在1871年的著作《人类的由来》(*The Descent of Man*)中明确指出，人类与地球上其他生物一样，经过不断进化，成为现在的形态。他分析，人类和类人猿在远古时期有共同的祖先，并由此做出了准确的推断：非洲的类人猿与人类最为相似，因此我们的祖先最早起源于非洲大陆。

相似与不同

在19到20世纪初,人类学研究受到殖民主义的极大影响,形成两种主流研究学派。其中"进化学派"最为知名,它脱胎于达尔文的进化论。该学派的学者将人类族群视为与生物有机体相似的"社会有机体"。以马塞尔·莫斯(1872—1950)和埃米尔·涂尔干(1858—1917)为代表的人类学家将人类族群划分为不同的"社会",并将它们视作整体中有差异的部分去研究。该学派认为,西方社会已经到了一种最"文明"的状态,其他非西方文明则正以此为目标不断发展,但迄今为止还无一成功。

以"传播论"为主要观点的另一学派,通过"文化圈"的概念来解释不同人类族群中的主流思想及风俗习惯。该学派的学者认为,所谓"文化圈"并非由当地人创造,而是通过借鉴和采纳其他社会中的文化而形成。其中,一些英国人类学家,如W.J.佩里(1887—1949),认为所有人类文化起源于埃及的"文化圈";另一些学者则认为,人类文化的传播有多个起源地。随着人类学研究的崛起,这两种带有时代局限性的观点受到越来越多的批判。

弗朗兹·博厄斯（1858—1942）

"美国人类学之父"弗朗兹·博厄斯反对进化学派的部分研究方法，例如将其他文化与欧洲文化进行对比，或是尝试归纳总结出一个具有普世性的文化概述方法。相对地，博厄斯认为每种文化都有其独特性，他主张人类学家的研究应遵从**历史特殊论**，即在研究中要考虑到不同社会的历史发展轨迹。博厄斯还提出了**文化相对主义**，认为个人信仰与行为，只有置于其本身的文化背景中才能被理解。博厄斯观察了加拿大北部巴芬岛因纽特人的生活习俗，并在自己的著作中写道："当我越了解他们的习俗，就越意识到，我们无权贬低他们。因为我们的文化中缺少他们那样的热情友善……相比他们，我们这些'受过高等教育的人'反而更加糟糕。"

博物馆之外的人类学

弗朗兹·博厄斯的研究翻开了人类学发展的新篇章。在此之前，美国的人类学总是让人联想到博物馆，而博厄斯的研究使其能够发展为一门独立的学术学科。从那时开始，人类学成了一门拥有四个分支研究领域的独立学科，包括考古学、语言人类学、体质人类学和文化人类学（可以简单记为"石头、声调、骨头和王座"）。在博厄斯看来，要想准确、全面地了解一个人类学问题，就必须对这四个领域都有所涉猎。在欧洲，这四个领域的研究被视为完全独立的学科；在美国，它们则作为一个大学科（人类学）之下的子集存在。此外，博厄斯提出的文化相对主义理论也影响了人类学的研究方法，他认为人类学家只有将自己长期置于研究对象的社会环境中生活（即**田野调查**），才能准确理解与描述这个社会。他本人也在之后的田野调查中，通过实践证明了自己的观点，并为反民族中心主义提供了支持。

人类学的主要分支

🐵 **生物/体质人类学**是将人类作为生物物种进行研究的学科。研究内容包括探寻人类数百万年的进化历程、已经灭绝的伴生物种,以及人与动物的关系。其中,一部分学者关注人类的进化史,探究远古人类是如何迁徙并在全球各地定居;另一部分学者则研究当代人类在体质上的多样性,如不同族群体型与肤色之间的差异。

🐵 **社会/文化人类学**研究人类群体中的社会关系,包括划分不同种族的标准、行为、个人在社会中扮演的角色或个人被赋予的期望。心理人类学是该学科的分支领域,主要研究文化与思维的关联:人类的精神健康、学识、理解能力,以及情感如何受文化影响(反之则亦然)。

🐵 **语言人类学**是研究人类交流的学科,研究对象包括人类的口头语言、肢体语言和符号。

🐵 **考古学**聚焦于发掘、分析古代或史前时期人类生活的物质遗存(也就是文物),例如工具、工艺品,以及骨头。

虽然大多数人类学家只精通上述四个分支领域中

的一个分支，但他们无法否认，只有通过跨领域的研究，才能避免管中窥豹，认识社会的"全貌"。当然，其他学科的专业知识，特别是心理学、社会学与经济学，在帮助人类学家理解不同族群的行为时，发挥了相当重要的作用。

> 如今，应用人类学被视为人类学之下第五个分支研究领域。该领域利用人类学的理论与实践（来自其他四个领域），通过采取有效行动、制定法规政策与推动改革，解决当代社会中的现实问题。例如，许多人类学家会协助政府制定族群政策，以适应不同文化的信仰与需求。

功能主义

在人类学（以及其他学科）研究发展过程中，有许多理论曾一度流行。第一个取代进化学派理论的是功能主义，它托生于弗朗兹·博厄斯和勃洛尼斯拉夫·马林诺夫斯基（1884—1942）的田野调查（后者被认为是最为著名的人类学家之一）。马林诺夫斯基对特罗布里恩群岛上土著居民的生活进行详细的观察研究后，出版民族志《西太平洋上的航海者》（1922），其中就包含很多功能主义的理论。功能主义学派的学者认为，社会文化的各个方面，例如宗教、政治制度或亲缘关系，是为了满足人类基本需求而建立的，它们在社会的整体结构下，发挥着各自的作用。所以，如果人类学家想要理解社会中某个行为的含义，只需要明确该行为的作用何在。功能主义学派的人类学家将社会视作有机生物体，社会就像我们的身体一样，由多个互相关联的部分组成，其中每一部分都有特定的功能。该学派是人类学研究发展过程中，第一个能够不以自身道德价值为标准，对不同社会进行比较的理论。

结构功能主义

作为功能主义的分支,结构功能主义流行于英国的社会/文化人类学研究中。该理论关注事物的运作机制和社会现有结构。A.R.拉德克利夫-布朗(1881—1955)是该学派的代表学者,他致力于研究如何维持社会(经济、政治、宗教和社群等)存续、稳定的居民关系与制度体系。然而,功能主义以及结构功能主义学派的学者往往会在研究中忽略历史变迁对社会的影响。

> **不同的结构**
>
> 结构功能主义的理论与**结构主义**有明显差别,后者更关注对社会模式与规则的研究,探析二者如何塑造一个社会的语言、文化习俗、权力结构,以及大众心理。克劳德·列维-斯特劳斯(1908—2009)、罗德尼·尼达姆(1923—2006)和埃德蒙·利奇(1910—1989)是结构主义人类学的代表学者。

文化与人格学派

人类学家鲁思·本尼迪克特与玛格丽特·米德是文化与人格学派的代表人物,她们率先提出,特定的文化环境塑造了社会中个人的人格,而一个人的人格一旦形成,又会反过来对社会文化产生更广泛的影响。该学派的学者认为,童年时期的文化习俗造成了不同社会人与人之间的差异。换句话说,童年时期的经历塑造了我们的人格,而这些经历与每个社会独有的文化特质密不可分。1928年,玛格丽特·米德将自己在萨摩亚与新几内亚进行的田野调查记录下来,出版了民族志《萨摩亚人的成年》。该书认为,个人的发展取决于文化期望,而不是生物特征。米德分析了阿拉佩什、蒙杜古马和德昌布利[1]三个部落中不同的性别行为,提出"性别差异实际上是由文化决定的"这一观点。文化与人格学派的理论在19世纪20年代到50年代极为盛行并影响深远,吸引后世的人类学家不断探索、研究儿童习得社会文化的过程。

---

[1] 阿拉佩什(Arapesh)、蒙杜古马(Mundugumor)和德昌布利(Tchambuli)为新几内亚3个毗邻的部落。——译者注。如无特殊指出,以下均为译者注。

文化生态学和文化唯物主义

文化生态学（或生态人类学）为朱利安·斯图尔德（1902—1972）首创，主要研究文化在适应自然环境过程中引发的社会变化，以及这种变化如何决定该文化的社会制度。一些自然条件，如降雨、气温或土壤条件，直接影响到社会的技术发展、组织结构，以及民俗观念。基于此，该理论的支持者认为，环境影响了人类的适应能力。

人类学受文化生态学的影响，形成了一个重要理论：**文化唯物主义**。这一理论最早由人类学家马文·哈里斯（1927—2001）提出，他认为我们的文化是由（有形的）社会物质塑造而成。哈里斯的观点基于马克思主义的历史唯物论，他指出，思想和信仰无法决定人的行为，人类学家只能通过分析社会的基础和经济组织来研究个人行为，任何对社会有用的东西都会持续存在。举一个非常形象的例子，在哈里斯看来，牛被印度教视为神圣的原因在于它们能够帮助农民耕种土地、收获粮食、哺育家庭，且食谱与人类相差甚远，故而有非常大的饲养价值。

一门不断发展中的学科

20世纪60年代兴起的**象征人类学**反对学者使用唯物主义的方法分析文化,该理论下的学者转而将关注点放在文化符号与仪式上。提出该理论的人类学家克利福德·格尔茨(1926—2006)认为,符号有助于我们更好理解社会。此后,人类学家的研究方向发生了变化,较之探讨社会、政治,以及经济变化等宏观问题,人类学家更倾向于进行文化阐释方面的研究。20世纪80年代,**后现代主义**开始影响人类学,支持者认为,此前出现的理论(特别是文化人类学与语言人类学方面的理论)都失之偏颇,缺乏客观性。

> 现代人类学家承认过去的研究中存在偏见,并设法增进研究者与被研究者间的理解,解决学科中遗留的历史问题。2021年11月,美国人类学学会主席就"人类学研究对土著居民造成的持久创伤"道歉。

田野调查与民族志

与其他社会学科相比，民族志与田野调查是人类学的独特之处。不同于18世纪与19世纪"扶手椅上的人类学"（研究远程收集的资料），田野调查在近百年来一直是人类学家主要的研究方法，这种方法要求学者参与被研究对象的社会活动，并融入当地的社群生活一段时间。部分人类学家甚至会采取更加积极主动的行为，被称为"行动人类学"。如查尔斯·黑尔（生于1957年）曾在美洲国家人权法院的法庭上提供证词，帮助尼加拉瓜的苏摩土著保卫了他们的家园[1]。

> **与因纽特人共同生活**
>
> 英国人类学家休·布罗迪（生于1943年）曾与加拿大北部的因纽特人共同生活了一段时间，学习他们的母语，即因纽特语（Inuktitut），字面意思是"像因纽特人一样"。在这段时间里，他参与了许多因纽特人的活动，比如狩猎之旅和捕鱼探险。

---

[1] 尼加拉瓜政府在没有获得苏摩土著居民的许可情况下，允许外国公司砍伐当地森林，违背当地对土著社区财产权的保护义务。

第二章

人体与大脑

人类学是我们研究人类的不二选择，而研究的第一站将从我们的身体开始。我们的身体是区分人类与地球上其他物种的关键。想要认识人类，首先要了解自己的身体。近代以来，人类进化的研究成果丰硕。因此，我们将在本章节中跨越数百万年时间，总览人类的进化过程，探索人类形态与生理演变的历史，从而理解现代人类体质的特征与多样性。其中的重点是现代智人（Homo sapiens）演变历程的最新研究。

　　步入21世纪，学者在现存生物上有了多个惊人发现，这使得人们开始质疑现有的人类进化假说。一些尚未解决的人类谜团也随着这些发现被再次提起，其中，最为引人注目的是宇宙中已知最为复杂的生物体构造——人类大脑。人类与动物之间存在诸多相似与不同，本章中，你将了解人类学家对此的研究。

大事年表

时间	事件
5500万年前	原始灵长类动物开始进化。
800万年前—600万年前	大猩猩开始进化,人类与黑猩猩逐渐分化。
600万年前	有证据显示,人类最古老的祖先图根原人很可能已经在使用两条腿直立行走。
560万年前	第一批生活在森林中的双足猿类——地猿出现了。
500万年前—200万年前	南方古猿(人猿)出现。他们的脑容量大小与黑猩猩相当,能够直立行走。
320万年前	著名的南方古猿阿法种——露西,生活在现在的埃塞俄比亚哈达尔附近。
250万年前	旧石器时代开始,原始人的大脑容量迅速膨胀,并开始使用磨制石器。部分原始人开始大量食用肉类,这可能是他们大脑容量膨胀的原因。
200万年前	类人猿出现,比如直立人、匠人。
200万年前—150万年前	大批直立人走出非洲,他们首先到达了亚洲,接着一部分前往欧洲;这些直立人学会了使用火种,并且最先开始狩猎采集的生业模式。

时间	事件
60万年前—20万年前	海德堡人出现在非洲和欧洲(也很有可能在亚洲),他们的脑容量和现代人相似。
20万年前	解剖学上与现代人相似的智人出现在东非地区。从遗传学角度来看,现代人类的基因都可以上溯到这个时期的智人,我们之间大约相隔了6666代。
15万年前	此时的原始人可能已经有了语言能力;一些10万年前的贝壳工艺品被考古学家发现,表明复杂语言与符号的存在。
11.7万年前	直立人灭绝。
10万年前	智人开始走出非洲,与欧洲和亚洲的其他人属动物存在基因交换的情况。
6.5万年前—5万年前	世界多个地区物质遗存出现"大飞跃"(Great leap forward);饰品与乐器出现;新型的工具与狩猎技术被发明;洞穴石壁上的绘画和具象雕塑出现。这些物质遗存的生产,都需要创作者拥有一定的熟练技巧、分析能力和抽象思维。
1.2万年前	农业产生并普及;早期村庄出现。
6000年前—5000年前	美索不达米亚的苏美尔人建立了人类历史上第一个文明。

时间	事件
5500年前	石器时代结束,青铜时代开始。人类开始冶炼青铜器作为工具。
5500年前	已知最早的文字出现。

共同的祖先

18世纪,瑞典科学家卡尔·林奈建立了一套全新的生物分类系统,将自然界分为了矿物界、植物界和动物界。林奈也是史上第一位提出人类属于动物界的科学家,他将我们定义为智人和灵长类动物。我们知道,现今的人类与其他曾经共同生活在地球上的类人猿(已经灭绝的人族动物)以及猿类灵长目动物存在亲缘关系。虽然确切的进化关系尚未明了,但我们与这些"亲戚"在600万—800万年前,确实存在一个未被发现的"共同祖先"。遗憾的是,专家们认为现阶段人类还无法探索出智人物种进化的完整序列。

人族

动物学家将人类族群称为人族。在数百万年前,其他人族(早于我们)就生活在地球上,并与我们共同生活了一段时间。但到现在,我们,即智人,却是人族唯一现存的物种。

至关重要的化石

1924年,南非的一处采石场废墟中,挖矿工人发现了一块属于儿童的头骨化石,这块头骨化石带有明显的半人半猿性状。正是这块头骨化石的出现,填补了人类进化历程中"缺失的一环"。此后,人们在非洲发掘出更多的人类化石,最终证实,非洲就是我们的起源地。这些被发掘的化石数量稀少且均不完整,给研究带来极大困难,但它们仍然是学者探索早期人类发展历程的指路明灯。通过精细地发掘与记录、地球化学测年技术,以及遗传学、生态学等其他专业领域的数据,人类学家能够准确描述特定化石标本与物种的特性及年代。然而,如果仅有化石证据,也很难研究物种的生存方式、灭绝原因,以及进化方向。这些种种疑问,或许只有人类学家(有科学依据)的猜想可以勉强回答。除了埋藏在泥土中的化石,我们还可以从部分远古生物,如木乃伊化的肌肉组织或被冰封已久的尸体中获取DNA,进行基因密码解析。

我们的基因密码

2005年,研究人员对黑猩猩进行基因测序时,发现黑猩猩和人类的基因相似度高达98%——我们和黑猩猩有非常近的亲缘关系。然而,不论是行为还是智力,人类与黑猩猩都截然不同。生物人类学家认为,造成这种现象的原因可能是基因(DNA片段)与环境平衡的结果。

🐒 **基因型**是一个人从父母继承,并将遗传给后代的基因集合(具有可遗传性),它们决定了一个人的身体特征。

🐒 **表现型**是指个体表现出来的、可被观察到的身体特征,如个人的身高与血型,它们受到基因和周围环境的影响。

人类与黑猩猩的根本区别,在于染色体上基因的排列顺序(也就是DNA链)。DNA的某些区域可以激发基因的活性,这些区域在人类与黑猩猩身体中有所不同,从而使我们表现出巨大差异。

两条腿

人族出现的标志是成为**两足动物**，即用双腿行走。但是，现代意义上的行走，在距今约200万年前的匠人时期才出现。我们之所以从类人猿向匠人进化，是由环境变化造成的。数百万年前，非洲地区的平均气温下降，导致森林大面积萎缩，形成广阔的草原，人类的祖先为了适应环境，开始使用双腿直立行走。与之相对，那些没有进化成为两足动物的类人猿（即现代黑猩猩的祖先），则继续生活在森林中。

> **适应能力**
> 适应能力是提高生物在特定环境中生存概率而产生的变异。人类数量庞大，并且能在地球上大部分环境中生存，我们的适应能力是地球上其他生物无法比拟的。

大脑进化

约200万年前,人类开始使用双腿直立行走,有了其他物种无法比拟的优势。人类或许是为了适应草原缺乏遮挡物的环境,才进化出直立行走的能力。使用双腿站立,可有效减少暴露在阳光下的面积,让人类得以在一天中最热的时候外出觅食,无须过分担心来自其他捕食者的威胁。直立行走解放了双手,让人类可以从事其他工作,如切割肉类等,提高劳动效率,从而可以规律性摄入更大量的食物与热量。丰富、富含营养的食物,有利于人类大脑容量的增长,让我们的祖辈学会了使用石器,而工具的出现又带来了食物获取、处理效率的提升,为人类提供更多的热量与大脑所需营养。考古发掘的证据表明,人类大脑容量的快速增长模式从直立人时期就开始了,经过百万年的进化,现代人类大脑容量约为1349毫升。此外,人类还进化出了其他能力以适应环境,如色素沉着保护皮肤免受太阳紫外线伤害,通过出汗降低身体温度等。

脑容量

人类学家认为,脑容量增加提高了人类在非洲开阔草原上狩猎与生存的能力,但关于大脑进化的研究,尚有许多谜团仍未揭晓。大脑日常运作消耗的营养量很大,约占人类日常摄入营养量的20%。大脑拥有大量的营养供给,却不会在人类狩猎、抵抗外敌与交配中提供直接帮助。其他和我们体形相当的灵长类动物的大脑比人类小得多,我们的大脑从出生起开始发育,到成年后体积增长了两倍,而其他灵长类动物则只会增长一倍。人类学家还没有找出造成这种差异的原因,但部分学者认为,人族是社会性动物,需要更大的脑容量来处理社会生活中的复杂关系。一些人类学家则将脑容量的问题归因于食谱的变化,例如,水果比树叶有更高的营养价值,但寻找、记录它们的位置却要复杂得多。还有一些人类学家认为,那些能够积累知识(如烹饪技巧)并传授给他人的人,拥有较大的脑容量,也更有可能繁衍后代。

不同的人属物种

10万年前,智人走出非洲并遇到了其他人属物种,比如生活在距今30万—3万年前的欧洲、亚洲地区,进化程度较高的尼安德特人,以及主要生活在亚洲的直立人与弗洛勒斯人。尽管人类学家对不同人族的生活地点、分布状态、迁移方式仍有争议,但迄今为止已有21个人属物种被确认。人属物种的多样性,也让学者们对人类起源学说产生不同的看法。主流观点**非洲起源说**认为,现代智人的生理结构在走出非洲前就已经趋于稳定,在他们的迁徙过程中,没有和其他人族进行杂交,之后连续、独自进化成为现代人类。**多地进化说**则认为,跨种繁殖是较为常见的现象,智人的进化或许与那些第一次"走出非洲"的人族不无关系。

尼安德特人

非洲地区的人类基因组中,尼安德特人DNA含量接近0.5%,而在欧洲地区和亚洲地区现代人类基因组中,尼安德特人DNA的含量分别为1.7%和1.8%。

人类的多样性

智人的一大特点就是身高与体重的多样性,这在人类进化之初就渐露端倪。人类学家测量对比了距今150万至250万年前各地区出土的化石,发现不同地区智人的身高差异很大。生活在南非洞穴中的智人平均身高仅146厘米左右,生活在肯尼亚科比福拉地区的智人身高则接近183厘米。这种差异源于自然选择,一般而言,较高的智人更能抵御捕食者的攻击,但同时也对新陈代谢有更高需求。人类走出非洲后,逐渐适应了地球上几乎所有的环境,也因此发展出不同的身体特征、语言,以及文化。然而,近千年来,这种差异却被用来划分种族、制造对立,或煽动战争。人类学家发现,所谓"种族"并不具备独特的遗传特征或生物学依据,仅仅是一种人为的分类。

文明的摇篮

人们普遍认为,"文明"一词可以用来指代一个复杂的人类社会,它源于拉丁语的civitas(城市)。最早的人类文明出现在美索不达米亚(现在的伊拉克,以及科威特、伊朗、叙利亚和土耳其的部分地区),紧接着是埃及。美索不达米亚得名于古希腊语,意思是"河流之间的土地",即底格里斯河与幼发拉底河之间的区域。这块平坦、肥沃的土地,在1.2万年前孕育了农业革命——人类的生产方式从狩猎采集转向农业生产。此后,文字、文学、数学、科学、律法、天文和几何学产生,这些美索不达米亚文明塑造的奇迹,在历史长河翻滚向前的路途中不断为人类文明以及发展提供助力。

神的馈赠

世界上已知最古老的啤酒配方源自美索不达米亚的一首祝酒歌,《宁卡西赞歌》(Hymn to Ninkasi,约公元前1800年)。在当时,啤酒是该地区民众的日常食物,人们会使用吸管过滤酒液中的杂质与草药,然后享受这种美味的液体,而宁卡西正是美索不达米亚文化中啤酒与酒精女神的名字。

第三章

文化

人与人之间的差别为何如此巨大？人类学家认为，虽然人在先天生理构造上有许多不同，但我们之间的巨大差异主要来源于后天养成的行为习惯。举个例子，我们的手在触碰到滚烫的物体时会自动往回缩，并下意识说出脏话，后者就是受文化影响产生的。文化无法决定你是谁，但会深刻地影响着你的性格、行为、信仰、饮食习惯，以及日常生活。回答完这个问题，由此又引申出另一个问题：为什么世界上有这么多种文化？

本章意在引导读者探索自身文化的可能性，思考在不同文化中，个人如何成长并建立世界观。我们的行为习惯在拥有其他文化背景的人看来，可能有不同寻常、不恰当或不合理之处。实际上，这些都是文化对我们日常生活的影响。文化人类学研究上述影响，并向我们展示人类文化的绚烂繁盛之处。

什么是文化？

人类学家对于"文化"一词的理解，源于爱德华·伯内特·泰勒在1871年做出的定义："文化是一个复杂的总体，包括知识、信仰、艺术、道德、法律、风俗，以及人类在社会里所得到的一切能力与习惯。"20世纪50年代，人们将文化的范围框定在人际交流和有意义的社会日常生活中：从语言到带有特殊意义的符号、人物、行为，以及事件。值得注意的是，后面兴起的这种文化定义受到美国人类学家的批评，但是来自欧洲的批评较少，因为后者地区的人类学家更偏重于研究社会学。

到了20世纪80年代，后现代主义人类学提出，社会并非一成不变的静态单元。该理论的支持者认为，"文化"一词带有危险的政治意味，可能会合理化民族主义和种族主义。其他人类学家则开始探讨是否应该再使用"文化"一词。这场争论反映出文化在人类学中的重要地位：文化是整个人类学发展的基石，人类学家试图用它来定义不同的文明、民族国家、经济、政治，以及人们的日常生活。

文化研究

文化人类学以其丰富的研究方法而著称,以下是几种基本研究方法:

🐒 **民族志**指的是以书面化的形式呈现对一个社会的描述、研究。民族志能够体现出文化人类学家(也称民族志学者)对于该文化的整体看法,它要求研究者尽可能地从多个角度收集信息。

🐒 **参与观察法**要求人类学家在研究对象社群中生活并参与日常活动。这一研究方法由勃洛尼斯拉夫·马林诺夫斯基首创,具体包括参与文化专家一对一访谈、组织小组访谈,以及问卷调查。

🐒 **报道人**通常指对被研究群体非常了解的个人。报道人可作为访谈对象,或是针对研究群体的切入点。

🐒 **系谱分析法**需要研究者了解一个群体的亲缘关系、家庭构成,以及婚姻模式。

🐒 **生活史**向人类学家揭露了被研究者的个人背景,研究者可以借由这扇"窗户",深入了解个人视角下的文化。

🐒 **阐释人类学**要求民族学研究者反思自身的存在

对被研究群体产生的影响,认识自身文化背景会如何影响他们对被观察事物的解释。20世纪70年代,人们开始意识到学者在研究过程中的民族中心主义倾向,于是更加重视来自被研究对象的观点。阐释人类学就是在此时发展起来的,它是对早期民族志试图描绘科学的、客观的社会景象(被称为**民族志现实主义**)这一行为的回应。

🐾 在进行**问题导向的民族志**研究过程中,人类学家只针对某个具体问题进行数据收集整理。

🐾 **民族史**的研究需要构建出一个社会的历史,研究者通常会借助图书馆和档案馆内的资料,获取来自该社会成员和其他观察者的叙述。

🐾 **民族学**通过跨文化的比较、分析,研究各文化间的异同。该方法有助于人类学家了解社会内部变革与适应的过程。

向上、向下,向旁边

20世纪70年代以前,文化人类学的研究中心都在西方,人类学家被"与众不同"的社会文化吸引,前往非洲、亚洲、中东、拉丁美洲、太平洋岛屿,以及美国原住民所在地。这个时期,西方学者的研究对象通常是那些规模较小,还未产生文字的社会、个人,或是一些鲜少被研究过的家庭、社群(而非拥有大量人口的族群或上层掌权者)。

1972年,劳拉·纳德质疑当时的人类学研究,要求人类学家应该拓展思维,"研究需要向上、向下,向旁边"。[1] 此后,人类学家的观念有所改变,他们将研究范围扩展到全球,每个人、每种社会都被视为人类文化连绵不断的一分子,都有被研究的价值。

---

[1] 劳拉·纳德在其1969年的论著《超越人类学:向上的研究视角》(*Up the Anthropologist: Perspectives Gained From Studying Up*)中提出,人类学应该像研究较低社会阶层(study down)一样,去研究中产阶级、上层阶级和社会权利的结构(study up)。

社会与文化——有何区别?

社会指一群生活在某区域内,有共同生活方式的人,而文化则指这些人的共同生活方式。

你有文化吗?

我们有时会用"有文化"来形容一个人,这个词语来源于德语的Kultur,意为文明。"有文化"就是指有文明、有教养、有内涵。从人类学的角度看,世界上的每一个人都"有文化",因为文化本身包罗万象,它可能是与个人相关的物质对象、行为、活动,也有可能是某种价值观或信仰。文化的影响普遍存在于每个社会中,但发展方式却各不相同。个人在社会交往中通过观察、教育、奖惩行为接触本地文化,并受到本地文化规则与价值观教育,这一过程往往从一个人的孩童时期就开始了,即"**濡化**"。

> **养育子女**
>
> 儿童的行为是对周围环境的映射,包括他们背负的期许与身处文化中的禁忌。举例来说,欧美国家的儿童注意力往往集中在自我上,愿意表达个人喜好并且挑战权威;与之相对,韩国与中国的儿童说话用词简明扼要,更喜欢描述自己与他人的关系。

文化差异

文化差异体现在生活的各个方面，我们的思维、交流方式，甚至于对于时间的看法，都受到特定文化符号与习俗的影响。在中国，年份与12种动物联系在一起，每种动物根据其脚趾的数量，又被划分为阴阳两类。不同文化中对迟到也有迥异的看法：在德国，"迟到"是一种最常见的噩梦（这一现象体现出人们无意识的焦虑），但在土耳其，开会迟到是一件稀松平常的事情。这实际上是"钟表时间"文化与"事件时间"文化之间的差异。生活在前种文化中的人，会按照钟表上的时间来安排自己的生活作息，时间在这里被认为是一种固定的规则（例如，午餐时间总是在12点）。我们大致可以认定，西方社会与日本都是依照"钟表时间"生活的。在"事件时间"文化中，社会事件决定了一件行为的开始、延续时间与结束（例如，与朋友聚会的时候，大家就会一起吃午饭）。事件时间是人类历史中的标准时间，时至今日，这种文化在印度和伊斯兰世界依旧占据主导地位。

在交流中，有两种话题极易体现文化差异：辱骂与笑料。心理学家萨巴·萨法达（Saba Safdar）认为，辱骂可以表现群体内的重要价值取向，因为辱骂是将社会认同的重要特质从个人身上剥离，从而达到否定他人的效果。在个人主义文化盛行的社会中，人们多数是独立与自我满足的，针对他们的侮辱性语言一般瞄准个人生理或心理上的特征（例如辱骂对方是白痴、长相丑陋或行为粗鲁等）。在集体主义文化占据主导地位的社会中，群体的位置相当重要，侮辱性词语则涉及人与人之间的关系（例如：你妈是个……）

不同文化中的笑话

共识是笑话产生的关键。电视剧《宋飞正传》(Seinfeld)中的经典台词在北美地区得到了广泛传播，让熟悉它的北美人产生了归属感。一项研究发现，相比于新加坡人，美国人更喜欢和性有关的笑话，这反映出当地社会文化中的广泛共识。新加坡的法律禁止色情制品，社会文化较为保守，他们更喜欢与暴力有关或有攻击性的笑话，研究人员认为这与新加坡当地的竞争性文化有关。

文化变革

世界上大部分文化都喜欢固守传统、拒绝改变，但文化的变革势不可当。当不同的社会产生交集（如全球化与互联网的出现），或环境因素出现变化时（如气候变化），就会碰撞产生出新的东西。这种新的东西，不论是技术的革新，还是意识形态的产生，都有可能导致文化变革。例如，近些年来的"流媒体革命"模糊了电影与电视剧之间的界限，让许多观众更愿意在家看电影，从而导致电影院客流量的减少。我们也可以预见未来几十年内交通方式的变化，如新能源电车数量提升或是城市中自行车道的增加，这些都将对世界文化造成无法逆转的影响。

> **丢失的文化**
>
> 涵化指一种强势文化主导或取代原有文化传统模式的情况。美国原住民文化的遭遇就是代表之一。几个世纪前，大量欧洲人口迁移到美洲生活并建立国家，他们的文化随之而来。美国原住民的文化在过去几百年间很大程度上进行了涵化，现在，大多数原住民使用英语交流。

物质文化的传播速度往往比非物质的文化更快,这种现象被称为**文化滞后**。一项新技术可以在几个月内扩散至整个社会,但人们却需要用更长的时间在思想文化上对其完全接受。以汽车的出现为例:汽车无法立即被广泛使用,因为相应的社会基础建设,如配套修建道路、加油站,以及相关法律等尚未完善。

与此相对,个人可以移居到另一个社会,并接受新的文化。这种行为被称为**文化跨越**(transculturation),指的是迁移者在新的国家学习新的文化。

疫情期间的问候

在疫情期间,人们见面时的常用问候方式发生了变化,并反映出文化间的不同。在法国,贴面礼从行动转为口头上的。在坦桑尼亚,与长辈见面时的正式鞠躬礼,以及同辈间的握手、亲吻行为,变成了较远距离的鞠躬与碰脚。在阿拉伯联合酋长国,挥手或将手放在心口示意取代了传统的碰鼻礼。

遗俗

"遗俗"这一术语在关于文化变迁或文化延续的讨论中经常出现。该术语最早在1871年由爱德华·伯内特·泰勒提出,用于概括那些在现代社会中依旧保留着的、已经失去原有效用的文化现象,我们也可以称呼它们为"迷信"。正如社会学家玛格丽特·霍奇(Margaret Hodgen)在1931年描述的那样,这些顽固的习俗、思想和观点曾经有过存在的合理意义,但在如今,它们却成了一种"格格不入、似是而非的东西"。

领带与燕尾服

在欧洲中世纪,皮质领带是骑士的象征,代表财富、力量与男子气概。随着时间的推移,领带的内涵没有过多改变,但常见的领带材质却从皮革面料变成了丝绸与棉布。在18世纪,燕尾服(或是礼服外套)最初是为了穿戴者便于骑马而设计,因此在前襟处收腰,后背尾部会有开衩。

名人文化

与其他类型的文化相同,对大多数人来说并不陌生的"名人文化"也很难被明确界定。名人文化指的是社会对于一些声名显赫之人的关注,这种关注不仅存在于名人面向公众的公共活动上,也扩散到了他们的私人生活中。人类学家注意到了这种现象,研究兴趣与日俱增,并开始探索名人与公众人物在不同社会中的含义和重要性。杰米·塔拉尼(Jamie Tehrani)曾断言,名人文化源于人类进化初期的生存本能。除人类外的其他灵长类动物,通常都由处于支配地位的高等级动物建立社群等级制度,人类却会对同等级的社群成员产生尊重或钦佩的情绪,所谓声望就此出现。声望通常会眷顾那些有卓越技能或知识的人(例如优秀的猎人与工具制造者),人类会因为声望关注社会中的优秀模范,并试图模仿他们的行为。就这样,新的发现和技术得以在族群中广泛传播。此外,我们的大脑会将声望与个人而非他们所做的行为联系在一起,因此名气就成为"寻找声望的线索"。

第四章

身份与人格

你的身份是什么？从生物学角度来看，人类是你唯一的身份。与此相对，作为概念的"人"却有多种身份。在世界各地的文化中，个人的定义（即"人格"）有所不同，它主要取决于四个方面：人格的产生、人的含义、人如何变化，以及人在何时（或是否）消亡。在这个过程中，哲学、心理学、宗教、历史甚至是地方法律都发挥着重要作用。本章探讨人类学家在不同文化中发现的关于人格、自我与身份建构方式的差异，以及个人在更广阔社会中定位的多种界定方式。内容涵盖成人仪式与成长标志的考察，同时分析语言在塑造人格观念中的重要作用。

何为人格?

"人格"(personhood)一词被人类学家用来形容某种个人品质,适用于不同文化中身心健全、被大众接纳的社会成员。但关于跨文化人格的研究却充满了争议,因为在不同文化中,"人"(person)与"自我"(self)的概念区分并不明确。大众对于"人"的定义可能会与"自我"混淆,但是后者与内省、心理实体有关,比如自我意识和个人视角下的人生经历。基于此,一些人类学家,如莎拉·兰姆(Sarah Lamb)和莎拉·拉斯穆森(Sarah Rasmussen),在研究时都更倾向于使用内涵更加广泛、客观的术语"人"。兰迪塔·乔杜里(Nandita Chaudhary)发现,在印度,"自我"的定义会随着情况不同而变化:与冥想或修行相关时,"自我"是有意义的,但在其他情况下,不涉及家族的"自我"是一种"不完整"的存在。人类学家需要注意,在研究不同社会中人格、人类的定义时,应尽量避免自身文化带来的干扰。

人格的产生

人格的概念在不同文化中有所差异，可以通过明确其概念中对人的界定来区分。直到现代，如何界定一个人是否有人格依旧是极具争议的话题：人格究竟诞生于受精卵时期、胎儿时期还是新生儿时期？由其衍生出来的其他社会议题，如堕胎能否合法化、胎儿组织能否入药、超早产儿是否有必要积极抢救等，都会引起社会大众的激烈辩论。不同宗教对于人格的产生也持不同意见：罗马天主教认为，人格始于受孕的那一刻；印度教相信轮回，因此在他们的世界观中，人格没有明确的起点或终点。在一些国家中，新生儿只有通过命名仪式或在政府登记出生后，才成为法律意义上的人，能够行使相关权利、享受社会福利待遇（如接种疫苗、获得公民权和医疗保险等）。到21世纪，遗传学和生殖技术有了长足的发展，这也向人类学家的人格研究提出了新的伦理性、政治性问题。

人格的消亡

人类学家经常考虑文化对一个人的社会性死亡和生物性死亡的区别。这里面会涉及一些现实或伦理问题,比如安乐死、自杀、殡葬、哀悼仪式,以及不同社会如何谈论(或避免谈论)死亡这一话题。20世纪初,人类学家罗伯特·赫尔兹提出,虽然社会的存亡并不系于个人,但个人的死亡仍然属于社会事件,它标志着人从死者转变为祖先这个过程的起点。一些人类学家认为,人们可以通过扫墓等行为维系死者的社会性存在。

> **葬礼上的音乐**
>
> 在美国新奥尔良,爵士乐葬礼从19世纪晚期就开始出现。葬礼会邀请铜管乐队,他们从教堂出发,一边奏乐一边行进到墓地,逝者的亲朋好友紧跟其后,跟着游行队伍,共同纪念逝者。

生命的延续

生命这一概念对部分人类学家来说是研究旅程上的障碍物，因为他们所在的文化通常认为生命的进程是从出生到死亡的线性发展。但是，世界上很多地方文化都存在转世与复活的概念。以佛教为例，信徒们认为人在死后还会获得新的生命，即"重生说"（the rebirth doctrine），生死循环不断往复，正是轮回。佛教徒修行，是希望通过积攒业力、获得顿悟，最终跳出轮回，涅槃并摆脱诸多痛苦。基于此，人类学家阿基尔·古普塔（Akhil Gupta）还强调，相信轮回意味着转世儿童"被认为比普通儿童有更复杂的思维与认知"。例如，在科特迪瓦人看来，所有的婴儿都是亡者的转世，因此他们受到的待遇往往和成年人相同。

人之所以为人

根据人类学家的文化研究，人有多种存在方式，部分文化中，人的存在甚至可以不依靠身体。了解不同信仰，有助于我们思考自身所处文化中的人格观念。人类学家普遍认为，不同文化中，个人扮演的角色和我们的人际关系在定义人格的过程中有不同的作用，人类学家可以借此来研究该社会。在某些文化中，个人的定义与所处的社群、社会相关。日本就是其中的典型。在日本，成年的意思就是"助人者"，人们以年龄和社会地位来称呼他人。在马达加斯加的扎菲曼尼里人的概念中，社会成员成为"人"的确切时间因人而异，一切都由个人道德水平决定。在这里，出生并不意味着人格的诞生，不如说正好相反，人格是在社会成员成长中被不断赋予的，他们需要结婚、养育子女，以及加固房屋使其经久耐用，不受风雨侵蚀。

在很多社会中，新生儿被认为是不完全的人，这意味着人格并非自然形成或与生俱来，而是取决于所处的文化背景。一些人类学家关注人"社会意义上的诞生"（social births），即个人融入社会的标志，而这通常与庆祝仪式相关。上述的概念实际上承认,人格赋予,需要经历漫长而复杂的过程。以生活在智利和阿根廷的马普切人为例,在他们的文化中,人格受社会关系的影响,而人与人之间的关系始终处于动态变化的过程中,因此直到死亡降临的那一刻,人格才最终形成。

> **超人类主义**
>
> 超人类主义者认为科学技术可以帮助人类超越精神和身体上的极限,创造出更优秀的新人类与社会。这同时也为我们带来了一个新的问题,在这个人机结合技术(cyborg-technology)广泛运用、人造世界、人类能力普遍增强的时代中,我们该如何定义"人格"?

过渡礼仪

在世界各地的文化中通常都有"过渡礼仪"的概念,这是个人生活发生巨大变化时的纪念仪式,包含赋予个人新身份的寓意,这种仪式也可以被称作成人礼。20世纪,人类学家维克多·特纳,总结出世界各地举行这类仪式常见的三个阶段。

🐾 **分隔阶段**指仪式相关个体从群体中被剥离(身体或精神上)的阶段。

🐾 **边缘阶段**指一种"介于两者之间"的阶段,是个人处于第一、第三阶段之间的状态。

🐾 **聚合阶段**指的是,仪式相关个体在经历一系列变化后,带着新的目标,以新的状态回归群体。

宗教是许多过渡礼仪产生的基础,犹太教的男孩和女孩会分别在13岁和12岁的时候举行"巴米茨瓦赫"(Bar Mitzvah)与"巴特米茨瓦赫"(Bat Mitzvah),以示他们对于信仰的忠诚。马来西亚的穆斯林女孩会在11岁时参加成人礼(Khatam Al Koran),这标志着她们的成年。

人的一生中有许多的重要事件,特别是围绕出生、婚姻、退休与死亡。这些事件在几乎所有的文化中都有与之相关的过渡礼仪,但它们的方式方法在不同的国家、地区、宗教和种族群体中大相径庭。例如,在西班牙语国家中,女孩成人的标志是举办15岁成人礼(quinceañera),仪式开始时,需要举办特殊的宗教弥撒,紧接着是盛大的派对(fiesta)。而在阿米什人的社群中,女孩成人的标志是能够在无人照看的情况下离家度过一个周末。

> **一头牛和一场单身派对**
>
> 居住在埃塞俄比亚奥莫山谷的哈默人有一种特殊的习俗,新郎在结婚前会被要求不着寸缕地跃过一头(被阉割的)公牛四次。成功后,新郎将会获得"马扎"(Maza)的称号和结婚的许可。与此同时,新娘会在这个仪式上自愿受到鞭打,证明自己对新郎的忠诚。

我还是我们？

社会文化很大程度上会影响我们对自己与社会间关系的看法。部分社会文化是个人主义的（"我"社会），例如澳大利亚、北美和欧洲北部地区。一般认为，生活在这里的居民只需要对自己和直系亲属的安危福祉负责。相比之下，集体主义社会（"我们"文化），如墨西哥和土耳其，则将社会关系与集体归属感置于首位。在集体主义社会中，个人决定在很大程度上会受到社会需求的影响。

初民富饶社会

直到20世纪60年代，在纳米比亚，真实或纯正的（Ju/'hoansi）"布须曼人"（bushmen）一直生活在一个平等的社会中[1]。人类学家詹姆斯·苏兹曼在自己的著作中指出，为了维护社会公平，杜绝利己主义的产生，那

---

1 欧洲人所称的"布须曼人"生活在非洲南部，他们在基因、语言上都和周围的民族与众不同。布须曼人一词在现代非洲有强烈的贬义色彩，已被"桑人（San）"一词取代，而"真实或纯正的人"（Ju/'hoansi）是这一民族的自称。

些为族群带回大量肉类的猎人会受到族人的（友好）侮辱，分享食物时，他们获得的食物也会和其他人相同。布须曼人的社会拥有20万年历史的文化，他们可以被称为是人类历史上最成功的社会。

在西方，个人成就的重要性往往被置于社会集体成就之上，这同样与个人选择、较高的自尊以及人生追求息息相关，拥有这种价值观的人通常会高估自己的能力。而针对东亚社会的研究发现，社会中的个人几乎不存在自我膨胀，人们低估自己能力的现象更为常见。

不同的视角

有研究表明，来自集体主义社会和来自个人主义社会中的人在观察图像时的重点不同。理查德·尼斯贝特在一项眼动追踪研究中发现，来自东亚的参与者有更全面的视角，他们会花更多的时间去观察图像的背景，试图了解一些相关信息；而来自美国的参与者则倾向于关注图像中心的元素。

环境人格权

过去的几百年里，在欧洲及其殖民地，只有身体健全的顺性别异性恋白人男性才有资格获得法律上"人"的权利。然而到了20世纪，随着自由主义的兴起和人权观念的进步，法律上"人"的概念范围进一步扩大。20世纪70年代以来，由于自然实体在法律上往往作为"客体"存在，缺乏权利或权力，所以环境人格权作为一种保护自然的方法被提出。2014年，新西兰政府承认土荷部落（Tūhoe people）世代居住的家乡尤瑞瓦拉（Te Urewera）森林获得法律上"人"的地位，即法人。森林获得了法定监护人的资格，而土地所有权也被赋予尤瑞瓦拉本身。此外，在厄瓜多尔、玻利维亚和印度等国家，当局者也在逐步将土著环保主义纳入法律框架之中。

> **"我即河川，河川即我"**
> 在毛利人的文化中，他们的祖先与自然共存。因此族群有责任保护他们继承的土地和与之同在的祖先。

第五章

交流

世界上大约有6000—7000种语言正在被使用，庞大的数量意味着语言的变迁从远古时期就已经开始，直到现代还未停止。如今，全世界的人类都在使用语言交流，甚至在部分人看来，语言已经成为一种文化最重要的特征。实际上，如果无法交流，人类文化的多样性与复杂性也就难以延续、不复存在。本章将带领读者深入语言人类学家的研究，认识人类交流的多种方式，探索语言的声音、功能，以及不同交流系统对个人和社会生活的影响。语言学家查尔斯·霍凯特曾将交流定义为"一个有机体触发另一个有机体的行为"。基于此，本章讨论的内容包括有声语言，以及肢体语言、符号和表情等无声语言。你将了解语言如何塑造我们的世界观与政治观，我们的说话方式又怎样在不经意间泄露出我们的身份。

语言与交流

交流,这项涉及世界上所有动物的行为,实际是个体通过系统的符号、标记和(或)行为进行信息交换的行为,包括手势、气味、声音和肢体动作。它们共同组成的是一种**封闭的交流系统**,这种系统抑制创新,将交流的内容局限在此时此刻(当下)。与之相对,语言是一种人类交流的方式,它完全依靠符号来表达意义(包括具有既定意义的声音、文字或手势)。语言是一种**开放的交流系统**,它能帮助我们表达关于过去或未来的想法,并不断适应环境与社会的变化,创造出新的含义与表达符号。

语言即为符号

符号可以被用来代表任何东西:一些有形之物;一种想法或者一个新发现等无形之物。符号的选择是随意的,它们的外形与内涵并无明确联系。因此,莎士比亚曾在《罗密欧与朱丽叶》中写道:"名为何物?譬若玫瑰:任改其名,其香如故。"

语言的进化

人类学家普遍认为,在最开始时,人类祖先的交流方式和我们的灵长类亲戚相同,是一种综合了声音、面部表情、气味、触感和肢体语言的交流方式,即**手势信号**。在进化过程中,人类逐渐掌握了控制声带、嘴唇和舌头的能力。自此,今天我们所熟悉的言语和语言技能就诞生了。在这个过程中,人类的三个器官扮演了相当重要的角色:大脑、双手和喉。

1861年,内科医生、人类学家保尔·布罗卡首次在人类大脑中发现了一个叫作"语言中枢"的区域,这个区域能够控制肺部、喉和气管的复杂肌肉运动,满足现代人的日常言语需求。该区域一旦受到损伤,我们将无法与他人正常交流。这项发现公开后,一些人类学家在后续研究中证实,人类大脑中的许多区域都与语言活动相关,这也让学者相信语言的进化历史已超过200万年,语言会随着大脑和喉结构的变化而变得更加复杂。

灵巧的双手在交流中也发挥着至关重要的作用,它们可以做出多种手势,提高语言表达的效率。此外,双手还能够使用交流工具,例如书写语言的工具或现代打字机。非正式的书面语言很可能是在3.5万年前受洞穴故事壁画的影响而产生的。正式的书面语言在距今5500年前由美索不达米亚人创造。美索不达米亚人会使用芦苇作为工具，在湿润的泥板上留下特殊记号。后来，人们把这种特殊记号称为**楔形文字**。人类的有声言语产生于呼吸道和喉（声带）的肌肉运动，这种运动改变了来自肺部的气流，让我们能够发出各种声音。其中，喉的位置很重要，这在20万年前的智人身上同样明显，它处于喉咙中较低的地方，使得从肺部呼出的气流在抵达嘴唇前有更多的流动空间，因此我们能在世界上不同的语言中找到各种复杂的声音。

语言习得

所有人类婴儿都有与生俱来的语言能力,他们能够在不接受任何正式教育、指导的情况下,通过观察、倾听周围人的用词、声音和语法规则来学习语言。语言学家诺姆·乔姆斯基将这种能力称为**语言习得机制**,他认为所有语言的基础模板都蕴藏于人类的基因中——这一理论被称为**普遍语法**。虽然该理论尚存在争议,但我们也可以由此看出,世界上所有的语言都存在几种共通的原则和要素。

🐾 **音素**是最基本的、不连续的声音单位,如辅音和元音。

🐾 **语素**是具有意义的声音组合,如单词,以及单词中表示性别或复数的部分。

🐾 **句法**是根据特定的模式、规则(即词序规则)将语素组合成短语和句子。

一种被称为**关键期假设**的观点认为,儿童的自发性语言学习能力能够持续到12岁左右。

非言语交流

心理学家阿伯特·梅拉别恩发现,言语在人类面对面交流中所起的作用很小。20世纪70年代,他提出了著名的"73855定律":55%的信息通过肢体语言完成,38%的信息通过面部表情传达,只有7%的信息来自纯粹的言语表达。因此,除了有声语言外,语言人类学家还对不同文化中的非言语交流方式展开研究,包括手势和肢体动作(**身势学**)、社交距离与空间(**近体学**),以及肢体接触规则(**触觉学**)。此外,借由音调、说话速度、音量、节奏、噪声、停顿和手势来更改或明确词义的辅助语言也是人类学家的研究对象。

> 人们对说话音量的看法存在文化差异。在阿拉伯文化中,大声说话代表拥有力量,能够展示真诚;在德国,人们将洪亮的声音视作自信;而在菲律宾人和日本人眼中,轻声细语是礼貌与自制的体现。

语言的功能

阿富汗裔美国作家卡勒德·胡赛尼曾写下:"假设文化是一座房子,那么语言就是打开前门与所有房间的钥匙。"语言的重要性不言而喻,因此人类学家会通过学习语言的方式获得对某个社会文化的全面认识。他们的学习对象包括细微的非言语交流,如面部表情、手势,以及不同年龄之间的代沟(青少年与年长者在用词上的差异)。人类学家爱德华·萨皮尔指出,行走是一种人类的"本能",而语言则恰好相反,是"一种非本能方式,它是人类借助自觉产出的符号系统,能够进行思想交流、表达情感与传递意愿"。这种方式因社会而异,它既描述现实又能创造出不同的现实。基于此,我们可以将词汇和语言看作是一个民族历史文化的有效索引。

我们为什么爱八卦？

许多灵长类动物选择群居生活，因为需要通过某种方式来建立社会联系，如狒狒，它们将梳理毛发作为社交手段，建立彼此间的联系、信任，并结成联盟。在人类学家罗宾·邓巴看来，人类发展出语言的目的与此相同，但我们拥有更高的效率，尤其在于我们会八卦。所谓八卦，简单来说是讨论某个不在场之人，其作用等同于灵长类动物间的梳毛行为。邓巴曾对"八卦"行为做出解释，他认为人类在进化过程中，族群规模和复杂程度不断扩大，将简单的梳毛视作社会黏合剂的行为逐渐脱离实际，相比之下，八卦更能凝聚人心，提升人类祖先的存活率。因为在人类规模庞大的群体中，个人观察或行为难以获得足够多的有效信息，八卦却能让有价值的信息或社会规范通过庞大的亲友网络传播开来。此外，人类学家还发现爱八卦是一种跨文化现象，这意味着该行为对人类进化有益。

语言、思想和行为

1992年,人类学家爱德华·萨皮尔和本杰明·沃尔夫共同提出一个理论,即**萨皮尔-沃尔夫假设**(也称语言相对性假设)。该理论认为,语言的结构和词汇塑造了使用者的世界观。为论证这一理论,两位学者提供了许多案例,其中包括:在菲律宾的哈努诺人(Hanunó)社会中,有92个表示大米的词语;英国的苏格兰地区有400多个表示雪的词语;俄语中没有表达"隐私"这一概念的词语。然而,大部分认知科学家反对这一理论,他们认为语言只能影响而非控制使用者的思想,其中尤以惯性思维为代表。所以,从语言词汇入手,我们能够知道身处某一文化中的大众重视什么,以及他们经常讨论什么。

> 在澳大利亚土著语言古古·伊米德希尔语(Guugu Yimithirr)中,没有上下或者前后的概念,使用这种语言的人,无法形容物体相对于自己的方位,而只能使用基本方位——东、南、西、北。

语言的旅程

回望历史,语言会随着人类的迁徙而被带往世界各地。有时,语言会被强加给他人,如殖民者强迫被殖民者使用新的语言;有时,它们也能作为少数族裔间的团结象征或**区分标准**,如非裔美国人所使用的方言英语。一些特殊的词汇能够在世界范围内传播。以英语为例,英语是世界上使用最广泛的语言,很多语言还会借用英语中的词汇,促使英语的影响力进一步扩大。英语的地位与影响力可以追溯到1913年的大英帝国,在当时,大英帝国统治着世界上近四分之一的人口。

世界各地的伪英语化现象

Beauty farm(美容农场)在意大利意为 spa(水疗中心)。

Skinship(肌肤之亲)在韩国指柏拉图式的牵手或拥抱。

希伯来语中Tokbek(顶嘴,即talk back)意为在博客或网站上发表评论。

方言与地区文化

一种语言受到地理条件和区域文化的影响,会形成多种方言,体现出社会或地域之间的差异。不同方言间的差异,通常随所在地距离的增加而扩大。以法语为例,法国的法语和瑞士、英国泽西岛、加拿大魁北克和黎巴嫩的法语有很大差异,在法国以外的国家或地区,法语会受到附近其他语言的影响,发生口音上的变化。大多数语言中都存在"标准"方言概念,虽然标准方言并没有实质上的优越性,但它们的使用者往往是社会上层的权势阶级,或居住在城市地区(特别是首都)的居民。这些"标准"版本的语言往往被视为**强势方言**,而所有其他方言都被视为从属方言或农村方言。这就是为什么语言人类学家常说"所谓语言,就是拥有陆军和海军的方言"(一般认为由语言学家马克斯·魏因赖希指出)。例如,在泰国,标准泰语是以曼谷受教育阶层使用的方言为基础形成,以这种方言为母语者,通常将其他地区方言称为"其他的泰语"。

语言和身份认同

我们说话的方式可以成为辨别个人身份的标志，例如种族、社会阶级、年龄、性别，甚至是工作单位。使用强势方言，如英国的标准发音，会被认为有较高教育水平或来自社会较高阶层。在一个有多种方言与口音的文化中，人们经常会视情况改变自己说话的方式，这种做法称为**语码切换**。回想一下，我们和朋友聊天时、与上司谈话时或在公共场合演讲时，说话的方式是否存在差异呢？

> **女性的说话方式**
>
> 有研究表明，女性在说话时更喜欢在句子末尾上扬语调，让陈述句听上去像是疑问句，称为**陈述句问调**；或是选择在单词或句子末尾降低语调，称为**气泡音**或**紧喉音**。这些说话方式通常被认为带有消极情绪，但语言学家却持反对意见，认为该行为显现出说话者的同理心、友好态度与合作意愿。

数字时代

现代社会有两个较为突出的特点,一是人口大规模流动,人们离开乡村去往城市或是其他国家工作、生活;二是科技的发展将人类分为两类,从小接触使用数字技术的**数字原住民**和一定年龄后才接触、学会使用数字技术的**数字移民**。这些变化在创造全新电子通信形式的同时,也导致全球语言数量持续缩减。在商业和金融领域,英语已经成为全球通用语言,而北美地区的文化影响力已经渗透到世界上绝大多数社会中。语言学家根据现状预测,到22世纪,世界上将有1500种濒危语言消失。

表情符号

Emoji(表情符号)一词源于两个日语单词:"e"意为图片,"moji"意为字符。表情符号诞生于20世纪90年代的日本,2011年后被广泛应用于移动设备。表情符号虽然不是语言,但它属于一种交流系统,具备语言的部分功能。

第六章

宗教与信仰

宗教对人类影响深远，不论是无神论者、不可知论者还是虔诚的信徒，都无法否认这一事实。宗教的影响力能够体现在很多方面，包括爆款人名、国家法定节假日的设立，以及世界某地发生的冲突。宗教是人类历史的重要组成部分，因此人类学家也对其相当重视，但他们的视角与我们有些许不同。这些学者并不在乎某个信仰体系是否正确、是否最好，也不关心其中的真理与谬误。人类学家渴望了解的，是宗教与文化间的相互作用，信仰和信仰体系如何塑造人们的认知、影响人们在社会中的自我定位，以及宗教体系下的宇宙观。

宗教是什么?

准确定义宗教并非易事,以塔拉尔·阿萨德为代表的人类学家认为,任何针对宗教的定义都会因为其跨文化特性而存在偏差。因此,我们对宗教定义不应太宽泛,也不应过分排他,尽量规避历史局限性或文化特殊性。在定义过程中,我们也需注意避免出现民族中心主义,或将某一宗教视为本源。并非所有社会都存在"宗教"这一词汇,因为宗教或灵性实践与日常惯例已深深融入日常生活的肌理,在某些文化中这些习俗还与巫术相互交织。现有的宗教定义,大致可以分为三类:**实体论**上的定义,着重描述宗教自身的特性或具备的某种属性;**功能主义**的定义,侧重于宗教在个人和社群生活中发挥的作用;**家族相似性**的定义,如本森·塞勒(Benson Saler)确定不同宗教间相互重叠、交叉相似和中心趋势的方法。简单来说,在所有宗教中,都存在四个元素,它们以不同形式和强度出现。这四个元素是:信仰、仪式、精神体验和独特的社会形态。

宗教信仰

在人类学家看来,宗教描绘出了人类与超自然或超验世界的关系,特别是后者代表的某种超越个人、超越物质世界的东西,这正是将宗教区别于政治、哲学等其他价值、信仰体系的地方。宗教中对神圣的定义,即什么或谁被认为是神圣的,可以向我们证明这一点。

🐒 **多神论**信仰崇拜复数的神明,历史上古埃及、古罗马和古希腊等民族都信奉多神教,并留下了大量记录。现代社会中,印度教和美国原住民的本土信仰是多神论的代表。

🐒 **一神论**认为在自然界外,有且仅有一个看不见的实体,如基督教的"上帝",以及犹太人所说的"耶和华"。

🐒 **无神论**不相信世界上存在神,佛教是其中代表之一。

🐒 **泛灵论**则认为世界上的物体、土地和生物都具有精神实质,例如菲律宾的本土信仰以及许多原住民文化。

埃米尔·涂尔干

社会学家埃米尔·涂尔干将宗教定义为:"一套与神圣事物有关的信仰和习俗,这种神圣事物就是被社会隔离和禁止的事物,由此而生的信仰和习俗能够将有相似世界观的人聚集在一起,形成一个被称为教会的道德共同体。"在涂尔干看来,所有社会都会将人们的行为分为两类:

神圣(圣洁)是日常生活以外的事物,需要集体或整个社群的居民共同参与完成的宗教行为仪式。

亵渎(不洁)与日常生活中极其平凡、日复一日的行为相关。

19世纪末,与西欧地区攀升的工业化率相伴的是不断提高的自杀率,在此情境下,涂尔干指出宗教能够缓解人们的孤独感,并开创性地提出了"整合理论"(integration theory),认为天主教会的整体架构和反对自杀的教义有利于降低信徒的自毁倾向。相比之下,他认为新教过分自由的思想与缺乏对成员的约束是其信徒自杀率较高的原因。

宗教仪式

人类学家维克多·特纳将宗教仪式定义为"一系列模式化的活动……这些活动往往发生在某个隐蔽地点,目的是对超自然实体产生影响,或致力于实现参与者的目标,为其谋取福利"。鉴于宗教仪式在信众心目中的地位及其传承性,识别和释读不同的宗教仪式成为大部分人类学家的研究重点。提起宗教仪式,人们很容易想起那些显见的身体动作,例如祈祷或念诵咒语,但宗教仪式还包括在人生重大事件或身份转变中的行为,如在一个人出生、结婚与死亡时举行的仪式。民族志研究者阿诺尔德·范热内普将这些仪式称为**过渡仪式**,它们有时具有明确的目的(承认一对夫妇的结合),有时又只有象征意义(如婚礼时象征纯洁的白色婚纱)。在加拿大,当地的原住民会举行太阳舞仪式,表现他们对地球和太阳的崇拜,所有参加者会代表各自的家乡进行长时间的舞蹈表演。

站在心理学的角度来看,宗教仪式是部分人"精神力量"的来源,特别是当他们在生活中遭遇困苦时。根据大卫·德斯迪诺(David DeSteno)的研究,部分宗教仪式甚至能够影响我们大脑的运作方式。基督教徒会在饭前祷告，犹太人每天起床后都会念诵"感恩"感谢上帝。这两种行为都是在表达感恩，长此以往，人们的行为就会更加符合宗教教义道德标准。此外，仪式间的相似性也有助于不同社群建立联系，例如佛教僧人和印度教徒都会在祈祷时诵经，基督教徒会在礼拜时行跪礼和站立祷告——与人类学家的研究结果不谋而合，即仪式可以增强信徒的凝聚力。这一研究结果或许也能解释宗教始终存在的原因，正如德斯迪诺所说："一种宗教思想，如果无法在我们面对生存与死亡的问题时、挣扎在道德和人生意义中时、沉浸于悲伤与迷茫时给出解决方案，那么它就很难存续数千年。"

精神体验

人类学家克利福德·格尔茨认为，宗教为信众描绘了一种道德观和现实世界观，使得人们将日常生活、特殊事件和那些超我的、宏伟的事物联系在一起。有研究者认为，宗教信仰还有助于增进个人福祉、人身安全和社会关系。举例来说，多数宗教都有"精神圣地"这一概念，圣地所在地一般是该宗教创始人或圣人的出生地、死亡地，又或者是他们创造、见证奇迹的地方。宗教信徒们被鼓励前往这些地方进行**朝圣**。

> **大壶节**
>
> 大壶节是印度教中一个重要的朝圣活动（节日），它也是世界上规模最大的人类集会之一。在大壶节，朝圣者将聚集在恒河与亚穆纳河两岸沐浴。他们相信，在这两条神圣的河流中沐浴是在忏悔过去所犯的错误，而河水能够净化他们的罪孽。

特殊的社会形态

除了个人的精神体验,宗教还带来了集体认同感。人们因宗教聚集在一起,交流着同样的思想,参加同一个活动,或者进入一种被埃米尔·涂尔干描述为"**集体欢腾**"的状态。社会学家洛恩·L.道森(Lorne L. Dawson)和乔尔·蒂森(Joel Thiessen)明确了宗教社会层面的四个关键因素:首先,宗教通过集体认同与集体共享来培育信徒,从而鼓励更多人信仰该宗教;其次,宗教在信众陷入道德困境或迷茫时,提供解决方法,尤其在社会大众的价值观与目标都建立在对某种宗教的集体信仰之上的时候;再其次,宗教能够塑造文化多样性,维持稳定,这对一个正常运转的社会至关重要;最后,礼拜的场所为信众提供了一个社交空间,让这里成为潜在的社交中心、娱乐中心,以及慈善中心。

宗教职业人员

宗教信仰往往由宗教权威人士向信众传播,传播方式可以被分为正式和非正式两种。宣讲教条教义属于正式的传播方式,而非正式的方式则会利用故事、歌曲和神话来吸引信众。宗教职业人员没有放之四海而皆准的统一称呼,但他们大体上可以分为三种类型。**祭司**被认为是神(或众神)与人类的中间人,这一身份一般通过教派经文典籍或资格证书授予。在印度教中,想要成为祭司(或称Pujaris)就必须学习梵文,并花费大量时间熟练掌握印度教的各种仪式。**先知**声称自己能够直接与神沟通,向信众传达神的旨意。在基督教和犹太教中,先知摩西就是直接从上帝那里获得启示。**萨满**可以与超自然力量沟通,他们可以作为一些特殊的仪式典礼的主持者。

> 2000年,人类学家斯科特·赫特森指出,人们参与狂欢舞蹈(大型舞会)的状态与萨满陷入精神恍惚的状态具有相似性,因此,这些舞会活动的DJ常被称为"科技萨满"。

信仰危机

世俗化指社会在变迁进程中,宗教的影响力随着时间的推移而逐渐衰弱。这一点在加拿大、捷克、爱沙尼亚、法国、德国、日本、荷兰、韩国、英国和乌拉圭等国都可以看到。尽管一个多世纪前,宗教还在这些国家的社会中占据重要位置,但如今,它们已进入全球国民宗教信仰比例最低的国家的行列。这些国家都有一个共同点,那就是政府在社会中扮演了至关重要的角色。这些国家的政府为其公民提供了义务教育,并将政治、经济与社会保障体系等都维持在了一个水平较高的稳定状态。人类学家认为,宗教信仰所能提供的安全感无法与之相比。因此,一些宗教试图从内部进行现代化改革,调整部分教条与习俗来适应现代文化,这被称为"组织世俗化"。值得注意的是,尽管许多人类学家会在世俗化与现代化之间画上等号,但也有部分学者发现了宗教在21世纪复兴的证据,如美国五旬节教派的发展与传播。

21世纪的宗教

尽管信仰危机已经出现,但宗教的衰落并不意味着它的消失。因为宗教能够赋予苦难意义,在这一点上,我们所知的任何科学知识或世俗理想都难以与之抗衡。有研究表明,21世纪仍有许多人相信,有一个伟大的存在或生命正在引导整个世界,这些人甚至可能从未参加过传统的宗教仪式,却又相信祈祷或仪式确有实际效力。生活在现代社会的人们对宗教信仰与宗教活动的需求也发生了变化,他们更偏爱那种具有整体性、形式灵活,以及能够带来"精神成长"的体验。

> **苦难的意义**
>
> 近几十年来,新西兰一直是世俗化程度较高的国家。2011年,新西兰第三大城市克赖斯特彻奇发生了大地震。震后,当地居民的信教率猛然飙升,但该国其他地区的居民依旧保持着较高的世俗化程度。

正如彼得·伯格所说:"现代性不一定造成了宗教

的世俗化，但多元化必然由此产生……不同世界观与价值体系在一个社会中共存。"人类在面对痛苦与不确定性时，普遍需要一种抚慰，而这正是灵性与宗教信仰得以在程度较低的组织化、制度化形式下存续的原因。格雷斯·戴维将这种现象称之为"无归属的信仰"。举例来说，2012年，瑞安·霍恩贝克（Ryan Hornbeck）发现，部分玩家将游戏《魔兽世界》视为自己的"精神乐土"。

> **控制力vs混乱**
>
> 尽管在许多宗教的概念中，个人的存在是被动的、不受控制的，但实际上，信教的人往往具有强大的内控能力。哈罗德·柯尼格（Harold Koenig）发现，那些虔诚祷告的信徒会通过祈求上帝指引，来获得对自己处境的控制感，这一行为帮助他们缓解了自身存在的抑郁与焦虑情绪。

第七章

家庭与婚姻

亲缘关系与人类生活紧密相连，它是社会关系网下不可或缺的一部分，也是人类学研究的重点内容，罗宾·福克斯曾在1967年发表过自己对于亲缘关系的看法："亲缘关系之于人类学，就像逻辑之于哲学或人体写生之于艺术；亲缘关系是人类学研究的基础。"本章将探讨世界上两种最主要的亲缘关系：家庭（有血缘关系的人所组成的社会单位）和婚姻。在这两类亲缘关系中，家庭的概念更具有普遍性，它广泛存在于所有社会中，并塑造了我们。然而，不同文化对于家庭和婚姻的看法存在很大差异，在人际关系、理想婚姻形式、家庭教养方式、家庭责任分配，以及其他家庭相关问题上都有所不同。本章中，除了常见的传统家庭类型，你也可以了解一些在21世纪被广泛接受的特殊家庭类型。

亲属制度

在世界范围内，家庭的形式与体量都没有固定的标准，但人类学家还是将亲属制度划分为了三类，这三类亲属制在世界范围内普遍存在，并有不同的财产继承顺序、分配制度。母系社会，世系由母子之间的血缘关系确立，母亲的姓氏与遗产会由其女儿（有时是儿子）继承，而母亲的兄弟则会为她的子女提供支持与财产，加纳的阿散蒂人和印度卡西族正是如此；父系社会的世系则依赖于父亲的血脉，这是现在世界上最常见的亲属制度。然而，不论是母系社会还是父系社会，它们都属于单系社会，单系社会只承认家庭中一方的血统或"亲属"，并不能真实反映人与人之间的情感关系。实际上，世界上还存在世系由父亲和母亲两方共同决定的双系社会，印度尼西亚的爪哇人是其中代表。

摩梭人的妇女

中国的摩梭人直到如今依旧保存着母系社会的生活方式。在他们的聚居地，妇女掌握了社会中绝大多数的权利，家庭内部所有重大抉

> 择也都由她们定夺。摩梭人传统的婚姻制度则是社会关系与经济关系互不独占的"走婚制":一对异性情侣想见面时,男方会在晚上"走"到女方家中,然后在天亮前赶回家中。在这种情况下,抚养后代的责任一般由女方家庭承担。

双系继嗣(也被称为并系继嗣),是一种有选择的世系,每一代人都可以根据父系和母系相对的财富或重要性来选择继承其中一方的世系。这种情况在萨摩亚人、毛利人、夏威夷人和吉尔伯特群岛原住民中很常见。

以劳拉·福尔图纳托(Laura Fortunato)为代表的部分学者表示质疑,认为现有亲属制度的相关术语已经无法满足21世纪人类学需求,我们需要尝试创造新的术语来描绘更加复杂的当代社会。

亲属与关爱

人类关爱同类的方式是其区别于其他动物的特点。争吵、暴力，这些行为广泛存在于所有动物身上，人类也不例外。但是，我们表达关爱的方式可以体现出人类所拥有的仁爱之心与同理心。有证据表明，在160万年前，我们的祖先就会帮助老弱病残。在现代社会，关爱他人、照顾他人是一种普遍行为，而这种行为绝大多数发生在家庭内部或者小型社群中。对家庭成员来说，照料或者被照料，是家庭角色分工的重要界定标准，然而在家庭内部（或外部）对于照料人具体职责的看法存在很大差异。不同文化中，家庭成员的目标、权利、责任不尽相同，这正是人类学家鼓励我们去了解和思考的。例如，在你所处的文化中，父亲的身份意味着什么——他是主要的照料者、共同养育者，还是作为义务有限的普通照料角色？

大脑与亲属

人类学家一直在研究人类大脑的运行机制，探索大脑在感受浪漫、建立社交网络和组建家庭时发生的变化。人类拥有比其他动物大得多的大脑容量来维系复杂的社会关系。20世纪90年代，英国人类学家罗宾·邓巴提出理论"**邓巴数字**"，认为人类的社交人数上限为150，这个数字涵盖了我们所有的亲人与朋友。在邓巴看来，这些人属于"如果在酒吧偶遇，一起喝酒也不会感到尴尬的人"。不过，在这150人中只有5人会和你拥有"亲密"关系（维护这段"亲密"关系则需要花费个人将近60%的时间）。我们通常会更加重视维护与亲人的关系，和朋友在一起则需要额外投入更多的时间和精力，因此，生活在庞大家族中的人拥有的密友数量往往更少。

婚姻的目的

婚姻出现前的数千年中,家庭成员的数量都维持在30左右。随着农业的发展,对社会稳定的需求快速增长,大约公元前2350年,最早的婚姻记录出现在美索不达米亚,此后,婚姻制度以不同形式、功能广泛出现在各种文化中,它们中的绝大多数以实用为导向,缺少浪漫因素。婚姻制度能够调节家庭内部(以及之后兴起的宗教)成员关系,明确夫妻两人及其后代在团体中的权利与义务。部分人类学家认为,婚姻的目的是明确子女的血统和归属,便于为属于自己的子女提供诸如继承权等权益。此外,婚姻制度可以管控性行为、规范何时生育等,确定了个人的经济、社会责任,满足人类对于情感和陪伴的需求。

婚姻的类型

单配偶制是世界上最常见的婚姻类型,传统的单配偶制是一名女性和一名男性相结合,但随着同性婚姻被越来越多国家承认,性别不再成为限制。单配偶制包括个体一生中拥有多位配偶,但每次仅与一人保持婚姻关系(称为系列性单配偶制)。这种现象在工业社会相当普遍,可能因配偶离世或离婚而产生。

多配偶制指拥有数个配偶的婚姻类型,它又可以细分为两类:

🐒 **一夫多妻制**:一名男性与多名女性的婚姻。

🐒 **一妻多夫制**:一名女性和多名男性的婚姻,这种婚姻类型较为少见,尼泊尔的尼巴人(Nyinba)是其中代表。

通过对比这两种婚姻制度,人类学家得出结论:一夫多妻制在人类社会中更常见。造成这个结果的因素很多,例如在男女比例失衡情况下对人口增长的需求、减少个人抚养后代的负担、让孩子得到更有效的照顾,又或者是为了提高自身社会地位。

你能和谁结婚？

在人类社会漫长的发展历程中，一对夫妻的结合大多出于现实考量而非爱情，直到如今这种情况仍然在世界各地发生，在不少地方，**包办婚姻**极为常见。夫妻双方的家庭或专业媒人会根据彼此的经济条件、社会背景、职业、宗教信仰、种族或者政治因素决定是否允许两人结婚。包办婚姻双方大多非自愿结为夫妻，但也有部分人为了减少自主择偶压力而顺从父母的选择。

婚礼传统

在西方的传统婚礼中，部分习俗就来源于包办婚姻。例如新郎不能在婚前与新娘见面，因为在包办婚姻情况下，如果新郎提前与新娘见面，他有可能会因为不满意对方的容貌而取消婚礼。

因为两情相悦而结合的婚姻被称为**伴侣式婚姻**，但即便在推崇这类婚姻的社会中，恋爱对象的选择依旧可能受到限制。人类学家威廉·扬科维亚克

(William Jankowiak)和亚历克斯·尼尔森(Alex Nelson)等人认为,恋爱双方的物质基础、价值观都影响了情感的发展,决定他们能否最终步入婚姻殿堂。一些宗教团体会鼓励信徒与内部成员结婚;在一些文化中,成员的婚配对象必须来源于同一民族、种族或有相似经济基础与教育背景,这种鼓励婚配双方来自相同文化群体的婚姻类型被称为**内婚制**。扬科维亚克和尼尔森认为,流行包办婚姻和推崇自由恋爱的社会其实并无两样,正如人类学家海伦·费舍尔所说的那样,爱情所带来的浪漫情感与恐惧、愤怒相同,只是一种大脑的化学反应,它们与生俱来,和我们的生理结构紧密相关。不过,她在自己的著作中写道:"爱上谁、因何爱上一个人、如何表达你的爱意,都会受到身处文化的巨大影响。"

家庭类型

核心家庭也称**配偶家庭**，由父母及其未婚子女所组成。这类家庭中存在不平等继承（绝对核心家庭）和平等继承（平均核心家庭）两种类型。**非配偶家庭**指有未婚子女，但父母不是夫妻的家庭类型。

主干家庭由拥有不平等继承权的大家庭组成，主要成员有祖父母、已婚子女及其孙辈。而拥有平等继承权的大家庭被叫作**社区家庭**。当离婚、丧偶的家庭成员再次结婚，**混合家庭**就诞生了。此外还有不受婚姻法保护的**同居家庭**。

所有的传统都是自上而下由父母传递给子女，并受到社会规范的束缚，因此家庭类型在千百年来鲜有变化。但世界上并不缺少例外，生活在巴西和委内瑞拉的亚诺玛米人通常居住在能够容纳400人的大型公共房屋中，他们的社会中没有上下等级之分，崇尚平等，在遇到问题时，他们会通过协商做出决定。

同性婚姻

同性恋在人类社会存在已久,当下人们对此的看法已大有改观。遗传学家亚当·卢瑟福认为,在许多情况下,人们的关注重点应该放在他们"做了什么"而非他们"是什么"。有证据表明,1世纪的罗马帝国就出现过同性婚姻,但在当时还未有相关法律规定出台。丹麦在1989年允许同性伴侣进行登记,成为世界上第一个在法律层面承认同性伴侣的国家。荷兰在2001年立法承认同性婚姻,成为世界上第一个同性婚姻合法的国家。

> **结拜兄弟(Enbrotherment)**
>
> 在中世纪的法国,两名没有血缘关系的男性可以签订"结拜兄弟"的法律合同,然后一同生活,同甘共苦,分享"一个面包、一瓶酒和一个钱包"。这一法律类别可能代表了最早的官方认可的同性婚姻形式。

生育技术

20世纪后,亲缘关系与"家庭"的概念在不断更新,同性恋、收养关系、跨种族婚姻、单亲家庭、同居家庭和生育技术都推动了家庭范围的持续扩大。试管婴儿、捐精、捐卵等**辅助生殖技术**导致以血缘为纽带的传统家庭观念逐渐瓦解,其影响甚至延伸到社会的法律、伦理以及文化层面。如今,我们已经能够借助医学技术监测妊娠期,而在未来可以预测的几十年中,这项技术还将继续发展,对之后几代人的亲缘关系、家庭观念产生深刻影响。人类学家早已预见这样的结果,并开始探讨可能带来的改变,包括其对父母子女关系以及延长育龄期产生的影响、试管婴儿技术在应用中可能出现的种族与阶级限制、基因工程和社会性别偏好(如重男轻女)争议等。

第八章

生理性别和社会性别

很多我们认知中的"正常"或"生来如此"的行为习惯实际并非源于基因,而是受文化影响的产物,性与性别正是如此。人类学研究为我们提供了一扇窗户,让我们得以透过它了解社会大众对性别的看法。在20世纪以前,男性与女性在社会、政治层面上地位的不平等一直都被认为是"生来如此"。得益于20世纪70年代的妇女解放运动,新一代女性人类学家开始质疑田野调查和著作研究中的性别二元对立现象。性与性别之间的界限逐渐清晰,学者开始思考不同时代与文化中性别的概念以及它们对个人生活带来的影响。到了21世纪,人类学家的研究重点聚焦于变性者、同性恋和自我认同与传统二元性别相左的人。本章将带领读者从个人与社会角度出发,深入思考文化和自然在界定性别与性取向层面上能够发挥的重要作用。

性别

想要了解文化在性别认同中的作用,我们必须对生理性别和社会性别两种概念进行明确划分。生理性别指男性与女性在生理上的自然差异,这种差异主要表现在内外生殖器官、染色体和荷尔蒙上。社会性别则是文化基于生理性别赋予个人的特征,甚至包括了男女之外的其他性别。生理性别与社会性别经常被混为一谈,因为社会性别和其他文化造物不同,有特定的生物学背景。人类学家对社会性别的研究主要集中在文化层面,探讨文化如何围绕性别塑造出一套复杂而精巧的叙事,并描绘一套与生理性别的天然属性几乎一致又截然不同的概念。**生物决定论**是其中一个典型代表,该理论认为社会地位是由生理性别促成并决定的。1889年,帕特里克·盖迪斯和亚瑟·汤姆森发表论述,认为妇女不应享有政治权利,因为相比于男性,女性的行为更加被动保守,不会积极参与政治活动。到了20世纪70年代,依旧有部分人认为应该禁止女性成为航空公司的飞行员,理由是女性存在荷尔蒙失调的情况。

二元模型

你或许会认为,"流动性别"这一概念是现代独有的,且历史上所有社群的文化都会将人类简单划分为男女两种性别。但实际上,人类学家已经在世界各地历史中发现了多元化性别的记载。古希腊时期曾流行一种观点,这种观点一直持续到17世纪末,即男性和女性是同一种性别的两种不同表现形式,就像存在于身体内部与外部的生殖器一样,它们本质上是相同的,而男性和女性在社会分工上的不同并非与他们的生理特征紧密绑定。到了18世纪末,科学家才开始认为男性与女性有截然不同的生理构造,这也为流行于21世纪的性别二元模型奠定了理论基础。

> **顺性别**
> "顺性别"一词成为21世纪的流行用语之一,它指代那些性别认同与出生时生理性别一致的人。

在一些社群中,大众对于非二元性别者的承认已经存在了几个世纪。印度存在第三种性别或神圣性别，被称为海吉拉人（hijra）；太平洋的萨摩亚群岛生活着法阿法菲娜（fa'afafine），他们既有男性特征，也有女性特征；印度尼西亚的布吉斯人认为存在男性、女性和双性人三种生理性别，以及男性、女性、卡拉拜（calabai）、卡拉莱（calalai）和庇苏（bissu）五种社会性别。其中，卡拉拜出生时是男性，但是在日常生活中扮演传统女性的角色。卡拉莱则与之相反，在出生时是女性，但是需要扮演男性的角色。庇苏则没有明确的性别划分，能够体现出全面的性别光谱。

> **你应该了解的相关术语**
>
> **性别表达**指个人通过行为、服饰等可感知的外在表现，展示其性别。
>
> **性别认同**是个人生理性别外的内在性别意识，可以是男性、女性、两者皆非抑或两者兼有。
>
> **跨性别者**有时也称为变性人，是指性别认同或性别表达与其出生时性别不相符的人。
>
> **非二元性别者**指部分拒绝用"男"或"女"来描述自己性别的人。

"双灵人"

在许多美洲原住民文化中，万事万物的存在来源于人们的精神世界。这种语境之下，人类学家发现了一种普遍存在的"双灵"现象。"双灵"指个人性别意识与社会基于生理性别塑造出的性别意识不相和。基于此，间性人（生殖器畸形的人）、双性人（具有两种性征的人）、气质阴柔的男性和气质阳刚的女性，通常都会受到极高的关注，因为他们既拥有男性的精神，又拥有女性的精神。比如在美洲，纳瓦霍人的族群中**纳德丽希**（Nádleehi，字面意义为"性别转化的人"）拥有极高的艺术天赋，并且能够不受性别限制地从事工作。到了20世纪，受欧洲基督教中对同性恋的负面看法影响，美洲原住民对于双灵人的态度变差，他们被迫顺从于社会所赋予的标准性格角色。

惩罚、荣誉和羞耻

偏离标准性别角色的个人在许多文化中都会受到制裁或惩罚。在一些较小的社群中,家庭成员或邻居会充当告密者,揭发成员的不当行为。回看历史,女性通常会成为这一现象的受害者,她们的性自由或性行为会受到限制,违反者将遭受严厉惩罚,而这样做的目的则是避免家庭蒙羞。某些情况下,性暴力或治安问题就会出现,如言语羞辱、强奸、女性割礼和所谓的"荣誉谋杀"。传统宗教会对性行为进行规范,并惩罚违反行为者,不过这种现象并非宗教独有,在欧洲和北美地区,违反行为者会遭受污名化,甚至"荡妇羞辱"。此外,在家庭信仰、同辈的压力,教育、政府政策和媒体中,都能看到这些规范和惩罚的影子。

> 国家对个人的生育行为有诸多规范,而人类学家主要关注其中的计划生育政策、是否允许避孕和堕胎的相关法律,以及不孕症治疗补贴等促进生育的政策。

强制分类

当一个婴儿在出生时无法从生殖器、生理结构或染色体上辨别男女时,我们通常会称其为"间性人"。实际上,间性人这一称呼的出现是为了有别于双性人,后者专指体内同时存在男性和女性生殖器的人。间性人并不罕见,北美间性人协会的一项研究表明,每1666名新生儿中就会有一名间性新生儿。人类学家记录了世界各地医生"修复"间性新生儿的方法,包括手术改造身体功能,以及使用各种形式的激素治疗。20世纪90年代后,公众越来越关注间性新生儿的医疗标准,到了21世纪,更多大众意识到需要保护这类特殊新生儿,相关法律不断出台。医学人类学家卡特里娜·卡尔卡齐斯(Katrina Karkazis)等人就间性人疾病治疗产生的争议进行研究。此外,间性人也给法医人类学家带来了挑战,因为他们拥有的生物特征(对一个人身体特征的描述)可能无法反映个人的性别。

玛格丽特·米德

玛格丽特·米德是世界上最具影响力的人类学家之一,她在20世纪30年代对不同文化中的性别角色模式进行了研究。在巴布亚新几内亚、巴厘岛和太平洋岛屿的萨摩亚,米德进行了实地考察,探究性别之间的差异是与生俱来(由基因决定)的还是受文化影响而成。研究结果表明,性别角色由社会塑造而成,并非基于生理,并且性别角色限制了个人的发展与自由。在观察中,米德发现,那些对青少年性行为持宽松态度的社会,孩子往往能够更加顺利地成年。她还描述了不同文化中男女行为的巨大差异,从蒙杜古马(Mundugumors)部落中性情暴烈的女性,到擅长抚育下一代的阿拉佩什人(Arapesh)男性,她坚持认为是社会习俗而非性别决定了人的行为。米德在著作中否认了固有的性别角色印象和女性的劣等地位,这是对当时美国主流文化的直接挑战。

性别角色

由于不同文化赋予男女的"性别角色"各异,在各个社会所获得的性别体验也不尽相同,可见性别角色具有文化特异性。换个角度理解,它实际上是一种性别刻板印象,是某种文化中对男女适当或可接受行为的预先设想。举例来说,在部分文化中,男孩被普遍认为是"坚强的",而女孩则应该"擅长育儿"。性别角色的概念在很大程度上影响了人类的行为决策,包括服装搭配、职业选择和个人亲密关系的建立。

> **付诸实践的平等**
>
> 人类学家杜杉杉在其2002年的著作《社会性别的平等模式:"筷子成双"与拉祜族的两性合一》中,描述了位于中国西南部的拉祜族社会中互补和平等的性别制度。从历史上来看,当地有一男一女结成一组"二合一"(夫妻)共同领导家庭、村寨的传统,并且结为一组的男女会共同完成家务劳动,一起下地干活。

性别分层显示了男性和女性不平等的劳动报酬分

配,反映出两者社会等级的差异。值得注意的是,这里的劳动报酬并不仅仅指工资,还包括了社会资源、权利和人身自由等。现代社会中,仍有许多地方只承认二元的性别制度,并且存在性别不平等现象。在沙特阿拉伯,女性在2018年后才被允许驾车,并且仍需遵守"适度"的着装要求,仅能在男性监护人的照看下结婚、就业和旅行。人类学家也就性别角色如何赋予个人权利展开了研究,在一些社会中,妇女能够建立独属于女性的礼仪习俗,进行个人投资、拥有存款,或者建立专属女性的社交、教育中心。

月经

在部分社会的习俗中,月经被视为污秽之物(如正统犹太教),另一些社会则认为这是一件值得庆祝的事情。居住在巴布亚新几内亚的桑比亚人族群内,每当有妇女来月经,她们的丈夫就会参加模仿月经的流鼻血仪式。在斐济,部分社区会为第一次来月经的女孩铺上特殊的垫子,并为她们准备一顿盛宴(tunudra)。

性欲

人类丰富的性行为与我们在身体和文化上的进化联系密切。性欲（性感觉和性吸引）人人都有，但人类学家主要研究世界各地对性欲、性行为的解释与实践，以及人类在这方面与动物的差异。例如，人类的性行为并非仅以繁衍后代为目的，且与其他哺乳类动物不同，无论生育状况如何，女性在一年四季都有性欲。此外有关同性性行为的记录也并不少见，在古希腊、美洲原住民、日本武士等文化的历史中都存在。

> **性行为的定义**
>
> 我们对于性行为的定义是由所在文化背景决定的。例如在南非的莱索托，当地人仅将男性阴茎与女性外阴的接触视为性行为，同性的生殖器接触则不然。

在异性恋正统主义中，二元的性别认同与异性恋属于"正常"且首选的性取向。它导致人们会忽视在男女性关系或婚姻关系中的一些权利和特权制度。而关于"正常"和"理应如此"概念的定义还延伸到了很多其他方面，包括男女性行为的体位、对性高潮的渴望、儿童生理知识科普的方式，以及众多的性行为，如自慰、口交、肛门性交和月经期间的性行为等。人类学家凯丝·韦斯顿（Kath Weston）强调了西方社会将两性关系术语直接套用在其他社会可能产生的问题。例如，在中非地区的阿卡人（Aka）和恩甘杜族（Ngandu）文化中，已婚夫妇会将性生活视为"夜间工作"，许多研究报告都表示他们每晚会进行多次性行为。此外，自慰和同性恋的概念在该地区几乎无人知晓，当地人的语言中也没有与之对应的词汇。巴里·休利特（Barry Hewlett）和邦妮·休利特（Bonnie Hewlett）观察到了这种现象并指出，对于西方人来说，白天的工作比性更为重要，因此需要彻夜睡眠。

第九章

人口迁移

人口迁移是21世纪区别于其他历史时期的最显著特征，受该特征影响，许多人类学家开始研究人口迁移的模式、方法，以及导致这种现象产生的社会问题。值得注意的是，针对人口迁移的研究起步较晚，因为传统的人类学研究往往聚焦于规模较小的社群部落，直到20世纪50年代，人口迁移现象才引起了学者的关注。自那时起，这种现象就成为人类学的主要研究领域之一，学者对其研究也从最初的经济层面，逐渐深入到文化与社会层面。本章将展示人类学家在人口迁移领域内的研究重点和关键问题。读者能够借此了解历史上人类迁移行为产生的原因、方式，以及这种行为对人类物种带来的影响。此外，本章还将向读者阐明"土著"和"难民"等常见术语的含义，帮助读者了解人类学试图解决的问题，消弭误解。此外，本书早前探讨过的部分话题，如身份认同、交流和家庭等，也都与人口迁移息息相关，人类学家在研究中也会重点涉及其中的一个或多个因素。

什么是人口迁移？

人口迁移就是人们从一个地方移动到另一个地方重新定居生活。现代社会中，媒体总会用夸张的语言极尽渲染社会中出现的庞大跨国人口迁移群体，"误导"我们认为这是近几年才产生的现象。然而事实是，数万年来，人类物种的进化一直伴随着人口流动。大约4万年前开始，人类迁移到了萨赫尔大陆架（现在的澳大利亚、新几内亚和阿鲁群岛地区）；1.5万年前，旧石器时代的狩猎采集者开始了早期迁徙；古丝绸之路上，东西往来的商人络绎不绝；19世纪，有数百万人从欧洲到达美国……在人类社会发展过程中，迁移者的比例相对稳定，迁移人数的增加只反映了全球人口的增长。随着通信技术与交通方式的发展，让我们能够与相隔千万里的家人、朋友维持联系，到达更遥远的地方。到了20世纪，选择远距离出行的人数成倍增长，除人口迁移外，还有人以旅行或工作为目的。

交通工具与技术

19世纪80年代,拉文斯坦(E.G.Ravenstein)提出了迁移理论,认为大多数迁移都属于短距离迁徙,人们的目的地通常是附近的大城市。交通工具不断发展,通信技术得到改进,旅行成本降低,为跨地区、跨国家的迁移行为提供了更多可能性。人类学家也开始关注大众旅行的方式,探究人们如何在新住所定居,如何在千里之外与亲朋好友保持联系,以及是否会将工资寄回家。除此之外,人类学家还重点关注迁移行为对个人工作职业的影响,如传统农业工作者流动到城市,向制造业和服务业转移。人类学家王爱华(Aihwa Ong)在讨论中国香港精英阶层的跨国流动现象时曾提出"灵活公民身份"这一概念,该概念对21世纪多样的职业选择影响重大。

> 一些离开家乡的海外务工人员会将打工获得的资源(通常是金钱)寄回家乡,这些资源被称为侨汇,它们是中低收入国家的经济体系的重要组成部分。

人们为何迁移？

所谓"迁移者"，是指一些人离开居住国到另一个国家永久或临时定居。就像你可能听过的词语"境外务工人员"，指的是出于务工目的从一个国家去往另一个国家的人。但并非所有跨国迁移都出于自愿。每年都有数百万人因自然灾害、政治迫害或局部武装冲突而被迫逃离家乡。古往今来的迁移者引起了人类学家的极大兴趣，他们试图通过研究探明这些迁移者的经历，以及这些行为产生的原因。

殖民发生在一个民族国家开始向外扩张、占领其他国家的土地的时候。殖民者会统治被殖民地的民众，被殖民国家的经济、政治因此失去其独立性。

侨民指那些在国外居住，但是仍旧保留原有国籍以及家乡文化的人。这类人不在少数且目的明确，可被划分为就业为导向的"工作侨民"和寻找新市场移居的"贸易侨民"等。

被奴役者包括因奴隶贸易或人口贩卖而被迫迁移的人。

非自愿搬迁与再安置是违背人们意愿的强制性迁移。

🐒 **游牧**属于部分族群的生产生活方式,他们会根据水草气候进行周期性的长距离迁移。

🐒 **难民**通常是逃离原居地的迁移者,导致他们逃离行为的因素很多,或许是无法忍受某些政治、意识形态层面的矛盾,或许是因人权受到侵犯,也可能是为了逃避强制征税、义务兵役和战争。

🐒 **领土扩张**指种群的占有空间超过原本的地理界限。

🐒 **劳务移民**专指那些因寻求就业机会而离开祖国的人,其中包括金融业、建筑业和农业等多领域人才。

一些国家的劳动力几乎全部由移民构成,如巴林、科威特、卡塔尔和阿拉伯联合酋长国,它们是海外劳工占比最高的国家。

边界与界限

迁移的概念因边界而存在。边界是分割国家、州、省份、城市与乡村的地理界线,人们需要跨越它们,才能进行旅行或移民。边界的划分能够分为两种类型,一种是沿着河流、山脉这类自然地理特征划分而成的自然边界,另一种则是人类出于政治、经济目的而划分的人工边界。西班牙和法国的边界线比利牛斯山脉属于前者,而地球上的绝大多数边界线都属于后者。边界相当重要,除明确土地所有权外,它还划定了政府等政治机构的管理范围,赋予境内居民的公民身份。可以说,边界塑造了人们的身份认同、文化认同和归属感,因此国家的边界线一旦被明确,任何变动都会引发极大争议。

库尔德人

在中东地区生活着大约3500万库尔德人,他们主要分散聚居在土耳其、伊朗、伊拉克、叙利亚和亚美尼亚等地。从数量上来说,这些库尔德人是中东第四大民族,但他们却没有属于自己的民族国家,在联合国也没有合法席位。

> **无国界世界**
>
> 日本著名管理学家、经济评论家大前研一早在1990年就提出,国界的意义正在减弱,现在推动全球经济发展的是地区国家而非民族国家。自2021年以来,由于跨界合作而产生的词语"创意无国界"广泛流行,品牌、出版和娱乐行业的业务内容逐渐重叠。

边界与界限的概念密切相关,通常被人类学家视作社会的基础组成部分。界限影响人们的行为思想,塑造了阶级、性别、种族这些不同的文化符号。除此之外,界限的形成与维护也是人类学家的研究重点。20世纪发生在印度次大陆上的事件刚好可以证明这一观点。1947年,巴基斯坦独立,1971年,孟加拉地区建立国家,这些新兴国家的出现将这片次大陆划分成了几个独立区域。划定区域的边界对当地居民的生活产生了极大影响,学者威廉·冯·申德尔(Willem van Schendel)和艾伦·巴尔(Ellen Bal)在他们的研究中指出,新增的边界导致当地的查克马人和加罗基督徒等族群被排斥在主流社会之外。

不平等的人口流动

在21世纪，出国工作的机会取决于个人的国籍、受教育水平、掌握技能和家庭经济背景，这些因素影响了个人在入境国家的停留时间。如果被认定为"高技能人才"，个人就可以参与到发达国家激烈的职业竞争中去。然而在沙特阿拉伯和阿曼等国，外籍劳工担保人制度（"卡法拉"）限制了国外务工人员的行为，他们无法在未经雇主允许的情况下更换工作或离开该国。[1]

媒体对迁移者的态度，以及迁移群体日常生活中或好或坏的经历，都可以成为人类学研究对象。我们把因工作而暂居外国的人称为外籍人士或"侨民"，但他们实际上和迁移者之间没有任何区别，特别是在部分迁移者会选择返回本国（"移民回流"）的情况下。这种用词差异，实际上体现出迁移过程中种族和阶级的不平等。

1　2021年3月14日，沙特政府宣布正式废除外籍劳工担保人制度，外籍劳工获得了自主择业、自由出入和终止合同等权利。——编者注。

自愿与非自愿迁移

  人类学家通常在推拉理论的框架内对迁移者和流散者进行研究。其中推动因素是指那些迫使人们离开祖国的因素，一般是自然灾害、战争、压迫、气候变化等外部环境的骤变。拉动因素则吸引人们主动前往新的家园，如更好的工作条件、更高的工资、工作机会、教育前景或医疗保险等，满足人们对改善生活质量的渴望。然而，这种将人口迁移成因简单归结于推拉因素的做法受到了批判，在实际情况下，人们做出的每个决定的原因都十分复杂且层次多样。海因·德·哈斯试图重新定义人口流动，将社会不平等这类结构性因素纳入考量范围，认为人口流动就是人们能够自由选择生活地点。以从墨西哥到美国或从印度尼西亚到马来西亚的非法移民为例，虽然他们离开祖国后，从事的是被其他国家居民视为不稳定且低工资的剥削性劳动，但与过去相比，家庭收入增加、获得教育机会、拥有医疗保险等益处，仍然驱使着他们离开故土。

"本土"的含义

"本土"一词有许多不同含义。我们可以说人类种族源于非洲本土,也可以说太平洋岛屿社区有属于本土的海洋知识。而由"本土"延伸出的"土著"一词,在使用中则备受争议。相较于"土著",一些国家更倾向于使用"部落""第一民族"或"原住民"。但不论选择哪一个词语,代指的都是一个地区已知最早居民的后裔,他们拥有与这片土地和其上自然资源相关的独特文化传统。包括秘鲁的克丘亚人和南非的祖鲁人在内,全世界共有3.7亿—5亿土著人类广泛分布于90个国家内。

> 哈卡舞(Haka)即毛利战舞,是新西兰毛利人的传统舞蹈形式,类型多样。在所有类型的哈卡舞中,最为著名的一支舞叫作卡·梅特(Ka Mate),由毛利人部落首领特·劳帕拉哈(Te Rauparaha)在1820年左右创作,用以庆祝生命战胜死亡。后来,这支舞在20世纪80年代因新西兰国家橄榄球队全黑队(All Blacks)的表演闻名于世。传统的哈卡舞是由

多个男性成员在战前,或两个部落合并时共同表演。现在,这种舞蹈的应用场景更为丰富,人们会在各种社交场合,包括生日、婚礼或葬礼时进行表演。

离散

离散（者）指的是一群分散生活在世界各地，却拥有相同的血脉或共同民族身份的人。该术语最初用于描述流离失所的犹太人、希腊人和亚美尼亚人，但现在，离散的概念已经延伸到自愿迁移者和那些通过共同文化、语言联系起来的人群中。即使并非出生于他们现在生活的国家，但仍对这个国家存在特殊感情，这样的离散者被认为是"亲密离散者"（affinity diaspora）。离散者的特性、行为，以及融入另一个国家的方式，是移民人类学家非常感兴趣的研究领域。与我们的祖辈相比，通信技术的发展为现代离散者带来了诸多变化。国际快递、即时通信和视频通话，打破了过去依赖个人记忆与仪式习俗来维系身份和文化的现象。丹尼尔·米勒和唐·斯莱特（Don Slater）曾在2000年开展过一项研究，探讨互联网如何通过线上聊天室和在虚拟社区中的放松行为，帮助分散在世界各地的特立尼达岛人建立联系，维护他们的文化、语言。

难民

根据1951年联合国会议上通过的《关于难民地位的公约》,个人(也称为**寻求庇护者**)在能够充分证明自己可能因种族、宗教、国籍、属于某一社会团体或政治观点而在本国受到迫害的情况下,可以被认定为难民。与为工作而离开祖国的人不同,按照国际习惯法,拥有难民身份的人不能主动或**被遣返**回到可能会迫害他的国家。我们日常通过媒体了解的难民与现实中的难民存在差异,难民的数量实际上只占移民群体的一小部分,且绝大多数来源于全球南方(Global South)[1]。人类学家就难民相关话题进行了大量研究,他们关注难民如何在保留旧有文化的情况下适应新的生活方式,以及政府面对人道主义危机时,在政治安全和边境管控政策上引发的伦理问题。例如,学者迪迪埃·法桑研究法国社会对待难民态度的变化,整个社会从"依法行事转变为有选择性的人道主义"。

---

[1] 这里的"全球南方"并非指地理意义上的南半球,而是指非洲、拉丁美洲和加勒比地区、太平洋岛屿,以及亚洲的发展中国家。

第十章

当代社会

人类与动物的一个显著区别是，人类可以具体问题具体分析，在不同情况下做出相应的选择。纵观人类历史，21世纪的我们正面临着前所未有的挑战与紧迫现状：气候危机、极端主义、社会不公、技术爆炸……这些变化对人类社会和地球环境造成了不可逆转的影响。人类学作为一门横跨科学、艺术与人文的学科，或许能够以独到见解为人类提供改变现状的方案。本章将为读者介绍人类学的最新研究成果、可应用技术，以及人类学在解决人类现有问题方面可以发挥的重要作用。本章的具体内容包括论述技术与人工智能如何重新塑造文化、定义人类，人类学的新兴研究领域，以及全球化对不同社会的影响。

货币与交换

一些人类学家认为,货币是现代人类发明的最伟大的"工具"。历史学家尤瓦尔·诺亚·赫拉利甚至在自己的论著中写道:"在人类创造的信念系统中,只有货币能够跨越几乎所有文化鸿沟,并不会因为宗教、性别、种族、年龄或性取向而有所歧视。"货币并非万恶之源,相反,它为资源交换和跨社会合作提供了可能性。在如今的社会中,超过90%的货币都是以电子数据的形式存在(而非现金),但围绕货币的文化象征和习俗始终存在,并随着货币的发展而不断演变,不断吸引人类学家深入研究。互联网的规模不断扩大,信息技术飞速发展,货币、人口的流动性与日俱增,与此同时,世界上许多国家正面临通货膨胀和政治动荡,大多数民众将货币的便利性和安全性视为首要考虑因素。在21世纪,加密货币和非同质化代币(NFTs)出现了,颠覆了我们对既有的货币所有权这一概念的旧有认识。

数字人类学

数字人类学研究人类与数字技术之间的关系。这是一个新兴的研究领域,甚至连标准术语都尚未规范。数字人类学以多种身份出现在不同著作中,如科技与人类学、数字民族志、网络人类学,以及虚拟人类学等。但不论名称如何,研究目标是一致的,即从社会和文化的角度探讨数字技术带来的影响。该领域的研究对象涵盖了社交媒体、三维打印、数字算法,以及数字基础设施在内的所有数字技术。本书在早前探讨过的话题,如身份认同与交流等,也会被人类学家置于数字文化的背景之下重新研究。此外,技术进步对于社会和地区的影响,以及技术在不同社会中的普及应用情况也同样被纳入数字人类学的研究领域。

虚拟世界中的研究

人类学家利用博客与网站进行研究时通常不会留下任何痕迹,他们有时也会匿名登录聊天论坛,开展难以被觉察的虚拟田野调查。在公布研究成果时,人类学家会将被调查者(如社交媒体用户或博主）分组，但不会公开他们的个人真实身份。

进行数字人类学研究时，人类学家依旧可以采用传统方法。他们进入虚拟社区，通过观察成员的行为、发言，了解集体风俗习惯与世界观，也可以选择进行私人访谈、历史研究和收集定量数据。

然而，人类学家对于线上人类学研究产生了分歧。不可否认，线上田野调查的效率很高，但是，只进行线上研究而非线上与线下相结合的方式是否可以算作完整的调查呢？一些人类学家如汤姆·博勒斯托夫认为，学者需要用被研究对象习惯的方式进行接触。他将借助互联网的线上研究与传统的实地考察进行对比，指出两种研究方法有诸多相通之处，同样都需要研究者了解一门新的语言、熟悉社区传统和行为准则，因此两者可以相互替代。以珍娜·伯勒尔（Jenna Burrell）为代表的另一些学者则认为，研究对象的线下生活同样有重要意义。在一项针对加纳地区互联网诈骗犯的研究中，伯勒尔发现这些年轻的犯罪者通常生活在贫困且受歧视的环境下，她将这一点纳入考量，打破成见，为数字人类学的研究打开新的视角。

模因

"模因"一词由演化生物学家理查德·道金斯提出,指代任何被视为模仿者的文化实体。简而言之,它是一种通过模仿和复制进行传播的思想,成为文化的组成部分。模因的特性包括可以自我复制、变异,以及受社会压力的影响做出改变,因此也被比作一种文化基因。

互联网模因是道金斯的模因理论中的代表案例,它们通常具有很强的娱乐性质,能够直观反映出当前发生的文化事件,并在之后成为该时期的一大特征。一些学者认为,模因从人际传播到大范围流行的过程是一种"微进化"。模因一旦经过复制,就会跃入文化的"模因池"中。对人类学家来说,互联网模因相当重要,它就像晴雨表,能够辅助我们洞察文化发展趋势,了解大众的思维及交流方式,甚至塑造文化。理解模因、运用模因,个人就能通过互联网在数小时内成为享誉全球的红人。正因如此,模因可以说是21世纪的文化造物。

虚拟世界

21世纪,大众开始频繁地使用互联网进行工作和社交,这为虚拟空间的兴盛提供了养料,许多"亚文化"应运而生,而人类学的研究方法则被用来帮助我们理解电子游戏、社交媒体平台、实时聊天,以及利用通话软件进行多人视频聊天在内的亚文化。拥有共同的兴趣爱好,或者因相同的种族、宗教、家乡以及职业的人通过互联网建立联系。许多人类学家着力于理解互联网上的虚拟社会,并驳斥部分质疑网络空间真实性的民众。在这些学者看来,缺乏有形的实体并不影响其所建立和维持的关系的真实性。

网络视频

人类学家帕特里夏·G.朗格(Patricia G. Lange)主要研究公共视频平台,探索网络社区文化、视频内容如何影响观众情绪,以及视频内容监管不力带来的不良影响。她在论述中解释了如何利用人类学的方法(参与观察、进行互惠行为,以及成为社区的一分子)研究油管。

人工智能（AI）

人工智能一词最早在1956年由美国科学家约翰·麦卡锡提出，该词专指那些拥有自主解决问题、自主决策能力的计算机和机器。经过70年的发展，我们已在不知不觉中被人工智能包围：垃圾信息过滤程序、智能手机、辅助银行确认放贷、算法推荐音乐或电影、语音智能助手（如Alexa、Siri）……就当下而言，人工智能被用于执行人类的指定任务，它们尚未拥有自我编程或自我提升的能力。对人类学来说，人工智能的出现或许正在重新定义人类。在科技公司看来，人工智能应该被用于发掘用户的兴趣所在，但许多社交媒体平台所使用的算法却助长了阴谋论、虚假新闻和极端视频的传播，一些极具争议性和情绪化的视频或帖子往往会被自动推荐。或许，人类学家可以依照技术设计者的社会背景和技术的应用场景，辅助开发"有道德标准的人工智能"。

人类生物学

在过去,人们认为人类是优于其他生物的物种。近些年来,这种观念被逐渐瓦解。21世纪,生物人类学家发现有越来越多的证据表明人类与动物存在相似性,这也解释了现代人类的多样性。2021年,一种属于人类祖先的新人种,博多人(the Homo bodoensis)被发现。出土化石的数量增加,伴随测年技术进步,使得人类学家能够进一步探明早期人类的进化轨迹。此外,"全球南方"的营养不良现象与多发疾病也是人类学家和科学家经常共同研究的课题。

> 人类与动物间的相似性导致某些病毒可以进行跨物种传播(也被称为人畜共患病)。根据马丁尼·皮特斯(Martine Peeters)及其同事的研究,人类最初可能是在捕杀黑猩猩和大猩猩时被传染了HIV病毒。除此之外,部分人类学家可以通过研究传统习俗和本地知识来预测未来可能出现的疫情。

一门不断发展的学科

科技的进步促进了不同文化与知识体系之间的交流,人类学在使用新方法的同时,成果应用范围逐步扩大。一个相对新兴的研究领域出现了。法医人类学主要专注于人类身份鉴定。这门学科与法学、医学联系紧密——当警方在案件侦破过程中需要确认尸体身份时,法医人类学家可以为死者建立生物档案,记录死者的祖先、性别、死亡年龄和身量等信息。此外,博物馆、大学和提供法医服务的私人公司也会雇用这些学者。

除法医人类学外,学者对多物种民族志的关注也在与日俱增。这门学科承认人类和其他生命形式相互关联、不可分割。在传统的民族志研究中,学者大多将重心放在探索人类文化上,而多物种民族志则拓宽了我们的视野,将文化研究置于人类赖以生存的环境中,去了解人类身边的动物、植物、真菌和微生物。

多物种民族志的先驱之一,唐娜·哈拉维在自己的论著中写道:"如果我们认识到人类中心主义的愚昧,那么自然而然也会意识到,人类与万物共生,但究竟谁能够更长久延续下去,依旧悬而未决,充满变数。"

与此同时，人类学开始对气候变化、环境污染、生物栖息地的破坏与物种灭绝问题产生更大的关注，研究个人在气候变化影响下的遭遇与应对措施，以及有限环境中资源分配与社会平等的问题。一些人类学家的关注重点是环境种族主义，即在种族语境下，政策制定和实施过程中存在的不平等现象。学者尼克·夏皮罗（Nick Shapiro）研究了2005年卡特里娜飓风灾后当地政府的赈灾行为，他发现大多数非裔美国居民获得的拖车都受到了不同程度的污染。

> **人类世**
> 人类学家和科学家使用"人类世"这一术语来指代地质年代中人类活动对气候和环境产生主导影响的时期。

全球化

西汉开辟"丝绸之路",东西方国际商业贸易第一次被打通,此后数千年,这种国际性的贸易行为持续存在。我们经常提及的全球化概念在20世纪90年代才出现,它通过商品、服务和资本的自由流动,来实现世界文化、人口和经济的互相依存。在人类学家看来,全球化最吸引他们的地方在于不同文化间的交流碰撞,以及在这种时代背景下,货币、资本流动、移民、旅游的变化。全球化同样拓宽了人类学家的研究视野。在过去,人类学的研究者大多关注亲缘关系与社会组织,到了21世纪,他们开始关注社会不平等、身份政治和跨国主义这些更具有现实意义和普世性的话题。人类学家认为全球化的出现并非必然,在进一步研究后,他们还发现全球化带来的影响在每个人、每个地区的表现形式上都有所不同。

公共人类学

人类学家勃洛尼斯拉夫·马林诺夫斯基曾提出人类学研究要"离开阳台",他意在呼吁同仁们"离开扶手椅",走进研究对象的日常生活。一个世纪后,人类学家的新愿景是希望人类学走出学术的藩篱,直面公众。人类学经历了曲折的发展历程,诞生于19世纪的应用人类学被殖民者利用,与殖民主义和殖民统治紧密相连。之后,人类学被认为能够帮助大众认识人类、了解人类,但与此同时,学者却发现了一个颇具讽刺意味的事实,即只有社会中的极少数人能接触到这门学科。公共人类学登上舞台,使得人类学脱离传统的学术圈,进入公共领域,学者开始关注如何让大众了解人类学,如何让大众参与人类学研究。民族志纪录片的出现,成为人类学家与大众接触的媒介,由特里·特纳(Terry Turner)协助拍摄的纪录片《卡雅布人:走出森林》(*The Kayapo: Out of the Forest*)是这一行为的早期代表,该纪录片展现了卡雅布人如何在亚马孙雨林中保护自己土地的故事。

结　语

18世纪，法国启蒙思想家编纂了《百科全书》(Encyclopédie)，试图将世界上所有的知识塞进约18000张书页里。到了21世纪，我们已经认识到世界上并不存在可以记录人类全部历史和智慧的书籍或互联网。同样，任何一本关于人类学的书都不可能全面展示这门研究人类的学科。这正是人类学的魅力所在。回看历史，人类在拥有无限多样性与可能性的同时，也制造了不平等与冲突，人类学的存在，就是为了压抑后者，激发我们对彼此的好奇，放弃对抗，让我们学会谦逊，摒弃傲慢。吉莉安·泰特（Gillian Tett）曾说过，世界需要另一种智能，即"人类学智能"（anthropology intelligence）来洞悉"全局"，在世界范围内建立广泛民众共识，并用创造性的方法解决我们现今所面临的挑战。人类学从不否认人类之间存在差异，相反，它向我们展示了不同思维与存在的价值，为人类的交流与合作牵线搭桥。正如马塞尔·普鲁斯特所说："真正的发现之旅不在于寻找新的风景，而在于拥有新的眼睛。"

T 文库系列

人与机器人
HALLO ROBOT: DE MACHINE ALS MEDEMENS

二进制改变世界
ZEROES & ONES: THE GEEKS, HEROES AND HACKERS WHO CHANGED HISTORY

哲学的 100 个基本
哲学 100 の基本

数字只说 10 件事
NUMBERS - 10 THINGS YOU SHOULD KNOW

大脑只说 10 件事
THE BRAIN - 10 THINGS YOU SHOULD KNOW

耶鲁音乐小史
A LITTLE HISTORY OF MUSIC

你想从生命中得到什么
WHAT DO YOU WANT OUT OF LIFE?

你家胜过凡尔赛
OTRA HISTORIA DE LA ARQUITECTURA

名画无感太正常
OTRA HISTORIA DEL ARTE

从弓箭头到鼠标箭头
LO QUE SUEÑAN LOS ANDROIDES

产品经理：靳佳奇
视觉统筹：马仕睿 @typo_d
印制统筹：赵路江
内文排版：程 阁
版权统筹：李晓苏
营销统筹：好同学

豆瓣 / 微博 / 小红书 / 公众号
搜索「轻读文库」

mail@qingduwenku.com